固態離子電池——得固態電池者得天下

劉如熹、仝梓正、廖譽凱、王恕柏、莫誠康、胡淑芬

編著

全華圖書股份有限公司

國家圖書館出版品預行編目資料

固態離子電池 ： 得固態電池者得天下 / 劉如熹, 仝梓正, 廖譽凱, 王恕柏, 莫誠康, 胡淑芬編著. -- 初版. --新北市 ：全華圖書股份有限公司, 2021. 09
面 ； 公分
ISBN 978-986-503-911-0(平裝)
1. 電池
337.42 110016123

固態離子電池—得固態電池者得天下

作者 / 劉如熹、仝梓正、廖譽凱、王恕柏、莫誠康、胡淑芬
發行人 / 陳本源
執行編輯 / 張峻銘
封面設計 / 楊昭琅
出版者 / 全華圖書股份有限公司
郵政帳號 / 0100836-1 號
印刷者 / 宏懋打字印刷股份有限公司
圖書編號 / 06485
初版 / 2021 年 10 月
定價 / 新台幣 320 元
ISBN / 978-986-503-911-0(平裝)
全華圖書 / www.chwa.com.tw
全華網路書店 Open Tech / www.opentech.com.tw
若您對本書有任何問題，歡迎來信指導 book@chwa.com.tw

臺北總公司(北區營業處)
地址：23671 新北市土城區忠義路 21 號
電話：(02) 2262-5666
傳真：(02) 6637-3695、6637-3696

南區營業處
地址：80769 高雄市三民區應安街 12 號
電話：(07) 381-1377
傳真：(07) 862-5562

中區營業處
地址：40256 臺中市南區樹義一巷 26 號
電話：(04) 2261-8485
傳真：(04) 3600-9806(高中職)
(04) 3601-8600(大專)

序言

鋰離子電池之發明迄今四十年有餘。此四十年間鋰離子電池之正極、負極與電解液之發展帶動鋰離子電池性能之提高，並使鋰離子電池廣泛應用於電動車、移動電子設備與可再生能源發電之儲能。2019 年之諾貝爾化學獎授予古迪納夫 (John B. Goodenough)、惠廷翰 (M. Stanley Whittingham) 與吉野彰 (Akira Yoshino) 三人，以表彰他們對鋰離子電池之貢獻，亦為對鋰離子電池發展之肯定。因節能及淨零碳排之需求，藉鋰離子電池驅動之電動車成為鋰離子電池之主要消費市場。至 2040 年，世界範圍內之電動車將可達 3 億輛，然應用於電動車之動力鋰離子電池存在燃爆等安全問題，未來藉固態電解質替代電解液與隔離膜，將有望提升電池之安全性能，成為鋰離子電池未來發展之方向。

固態電池之研發涉及物理、化學、材料及工程等多領域之協作，且少有專門為固態電池研發人員開設之書籍，致使廣大工程技術人員難以對固態電池形成全面認識。本書乃根據筆者經驗介紹各類固態電解質與其應用，以增進產業界對固態電解質與固態電池之認識，期望促進固態電池之產業化應用。本書將首先介紹鋰離子電池於固態電池之結構、固態電解質種類與固態電池瓶頸 (第一章)。爾後筆者將根據自身之研發經驗著重介紹薄膜型固態電解質 (第二章)、石榴石型固態電解質 (第三章)、鈉超離子導體型固態電解質 (第四章) 與固態鈉二氧化碳電池 (第五章)。最後將展望固態電池之產業化前景 (第六章)。本書之邏輯結構如圖 0-1 所示。

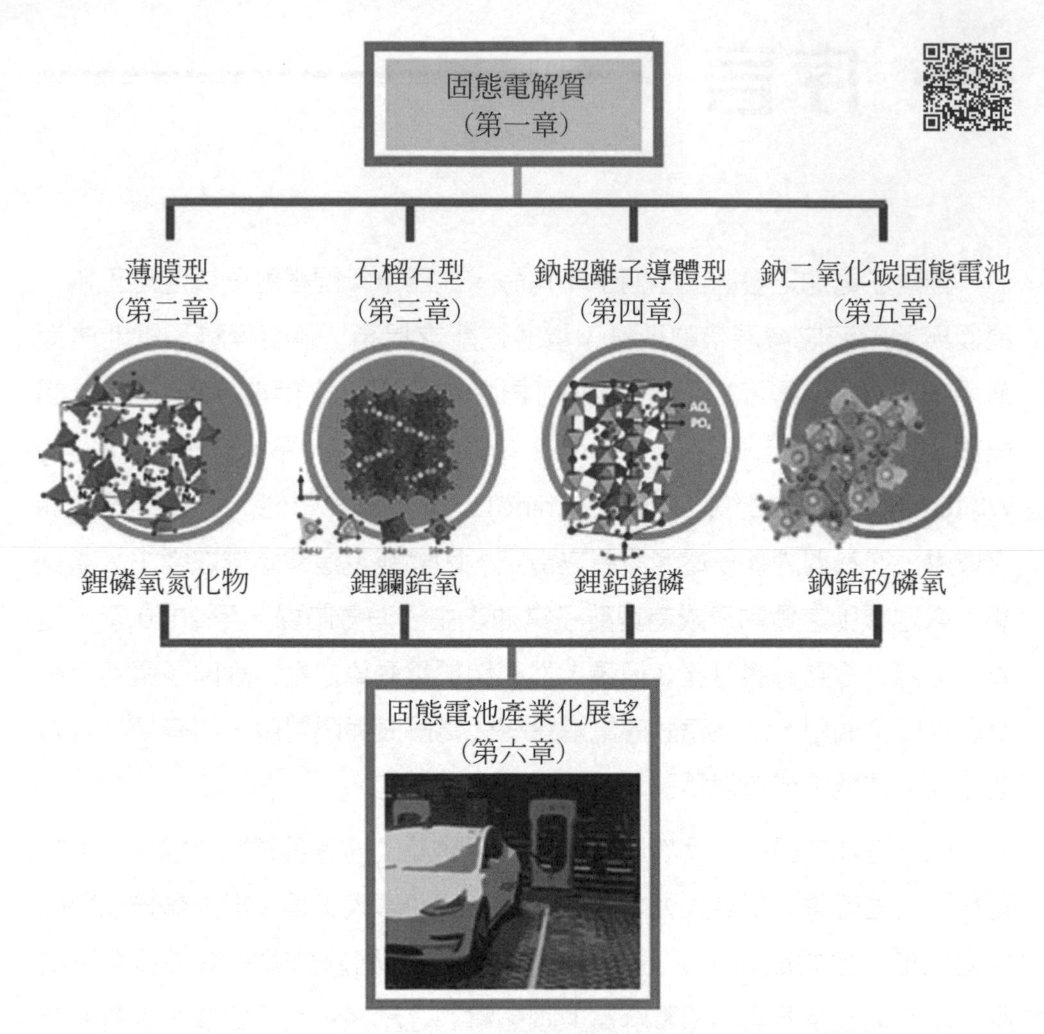

▲ 圖 0-1　全固態電池示意圖

編輯部序

「系統編輯」是我們的編輯方針，我們所提供給您的，絕不只是一本書，而是關於這門學問的所有知識，他們由淺入深，循序漸進。

因鋰離子電池目前已廣泛被應用在電動車、移動電子設備與可再生能源發電之儲能，因應節約能源減少排放的需求，在未來由鋰離子電池驅動之電動車，勢必成為鋰離子電池的主要消費市場。未來藉由固態電解質替代電解液與隔離膜，將會有望提升電池的安全性能。全書依據作者經驗，介紹各類固態電解質與其應用，增進產業界對固態電解質與固態電池之認識，期望促進固態電池之產業化應用。本書適合對固態電池產業及有興趣的讀者使用。

書中的部份圖片可用 QR Code 掃描觀看，以方便讀者辨別彩圖內的說明。

目錄

CH4 鈉超離子導體型固態電解質 4-1

CH5 固態鈉二氧化碳電池 5-1

CH6 固態電池產業化展望 6-1

1 固態電池介紹

1991 年索尼 (Sony) 公司推出第一款鋰離子二次電池後，鋰離子電池被廣泛應用於消費類電子產品。近年，伴隨電動車之興起，鋰離子電池開始以大容量、高功率與壽命長爲研究之方向。一般鋰離子電池由正極、負極、隔離膜與電解質組成。因電池定義陰陽極時以放電爲準，故放電之時，電子由負極 (陽極) 經由外部電路回至正極 (陰極)，鋰離子離開負極 (陽極) 經由液態電解液回到正極 (陰極)。充電之時，則循相反之路徑，電子由充電器外接至負極 (陽極)，同時鋰離子離開正極 (陰極) 經電解液進入到負極 (陽極)。

目前市售之鋰離子電池大部分使用液態電解質。然液態電解質存在諸多問題，如易燃性與高揮發性。相較於液態電解質，固態電解質具不易揮發、無漏液與熱穩定性高等優勢。將液態電解質與隔離膜替換爲固態電解質則電池稱爲固態電池，其結構如圖 1-1 所示。

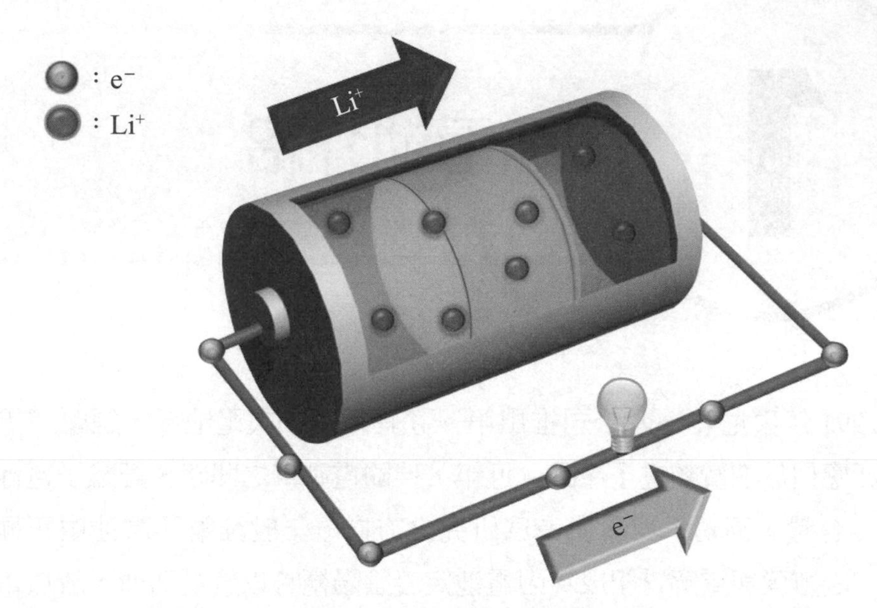

▲ 圖 1-1　全固態電池示意圖

儘管產業界與學術界對固態電解質給予極大之期望，然而固態電解質並非完美。當前固態電解質之離子導電率、界面接觸、化學穩定性與電化學穩定性爲制約其發展之關鍵。故藉固態電解質全面取代電解液與隔離膜尚需時日。本章首先根據作者之研究經驗介紹各類固態電解質，而後探討固態電解質失效之原因，最後綜述提升固態電解質界面穩定性之方法。

1-1 固態電解質種類

當前氧化物型 (oxide)、硫化物型 (sulfide)、氫化物型 (hydride)、鹵化物型 (halide)、薄膜型 (thin film)、聚合物型 (polymer) 與有機無機複合型固態電解質 (composite) 被學術界廣泛研究，如圖 1-2 所示。無機類固態電解質之離子於不同位置間之跳躍而進行離子傳遞。故此無機類固態電解質具高離子導電率與離子選擇性。而聚合物類固態電解質之鏈擺動以傳遞離子，此一過程使鋰鹽之陰陽離子同時運動，故此聚合物型固態電解質之離子導電率與離子選擇性較低。有機無機複合型固態電解質由無機固態電解質顆粒與聚合物間之空間電荷層實現鋰離子傳遞。有機無機複合型固態電解質之離子遷移數高於聚合物固態電解質，且兼具柔韌性，爲當前研究之重點。

無機固態電解質主要分爲氧化物、硫化物。以上二類固態電解質中氧化物之熱穩定性最佳，而硫化物之離子導電率最高。硫化物型固態電解質與石榴石型氧化物固態電解質之空氣穩定性不佳。[1] 鈉超離子導體型 (natrium super ionic conductor, NASICON) 氧化物固態電解質之空氣穩定性最佳，但其離子導電率與電化學穩定性不佳。無機類固態電池之電化學穩定性主要由正負極界面是否發生氧化還原反應判定。石榴石型固態電解質之正極界面容易被氧化，而鈉超離子導體型氧化物固態電解質之負極界面容易被還原。硫化物型固態電解質之電化學穩定性整體不如氧化物型固態電解質。此外，無機固態電解質與正負極之點接觸爲其應用於全固態電池之瓶頸。界面之點接觸使得離子之界面傳遞受抑制，進而導致電池之性能下降。硫化物固態電解質隨較氧化物型固態電解質剛性弱，但其界面接觸之密切程度難以與聚合物型固態電解質相比。

聚合物型固態電解質之優勢爲製程成本低且界面接觸密切。常用之聚合物爲聚乙二醇 (poly ethylene oxide, PEO)、聚丙烯腈 (poly acrylonitrile, PAN)、聚甲基丙烯酸甲酯 (poly methyl methacrylate, PMMA)、聚二氟乙烯 (poly vinylidene fluoride, PVdF) 與聚二氟乙烯－六氟丙烯 (poly vinylidene fluoride-hexafluoro propylene, PVdF-HFP) 等。雖然其離子導電率與離子選擇性不佳，但容易製備成薄膜。降低聚合物固態電解質之厚度可彌補其離子導電率之不足。聚合物型固態電解質之熱穩定性與電化學穩定性可經由添加硝酸鋰或氟代碳酸乙烯酯提升。爲進一步提升聚合物型固態電解質之離子導電率與穩定性，於其中加入不同類型之無機固態電解質粉體形成有機無機複合型固態電解質。有機無機複合型固態電解質之熱穩定性、化學與電化學穩定性皆有所提升。此外，有機無機複合型固態電解質得藉聚合物加工之方法得薄膜。此類有機無機複合型固態電解質薄膜被產業界廣泛關注，當前已存在試量產實驗室。

薄膜型固態電解質常用於消費類電子產品與心臟起搏器等，其離子導電率不佳，但得經由真空鍍膜技術製備以降低其厚度。因薄膜型固態電解質難以大規模製備，且僅用於小型電子產品之供電，難以用於固態動力電池，市場容量有限。

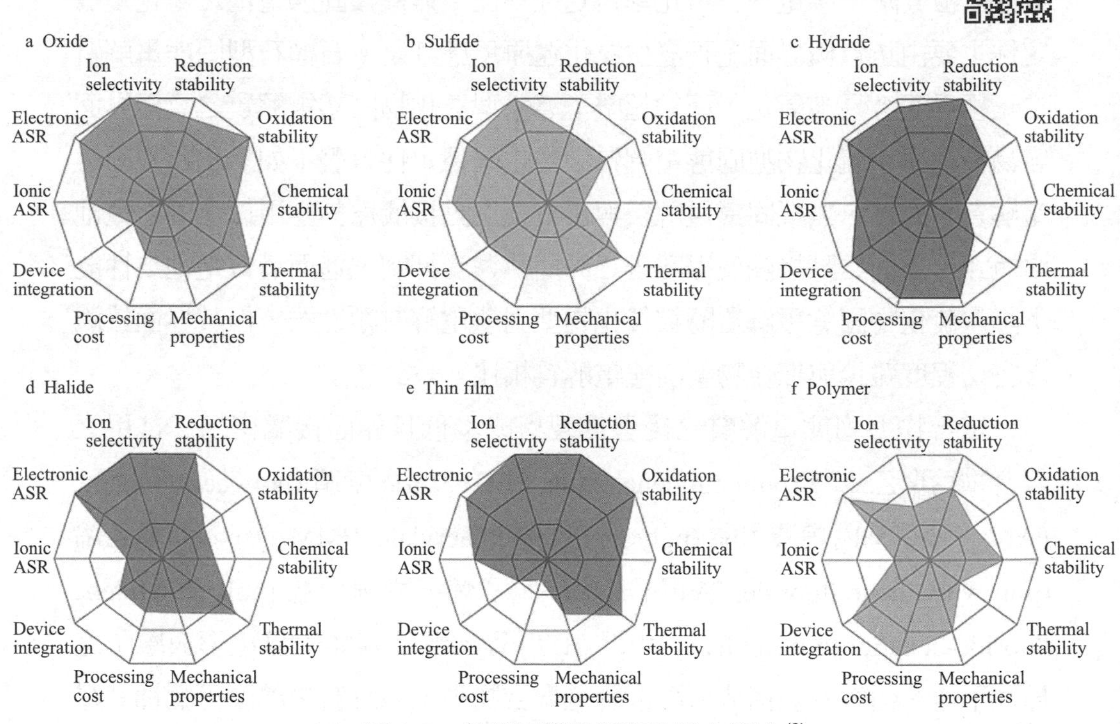

▲ 圖 1-2 各類固態電解質性能之總結 (2)

本章根據筆者之研究經驗重點介紹石榴石型、鈉超離子導體型與薄膜型固態電解質之研究現狀。

1-1-1 薄膜型固態電解質

全固態薄膜鋰離子電池之概念，於西元 1983 年首度由日本日立 (Hitachi) 研究團隊 Kanehori 等人[3] 提出。其電池結構爲 $Li/Li_{3.6}SiP_{0.4}O_4/TiS_2$，其中硫化鈦 ($TiS_2$) 正極薄膜爲以四氯化鈦 ($TiCl_4$) 與硫化氫 ($H_2S$) 作爲反應氣體，藉由低壓化學氣相沉積 (low pressure chemical vapor deposition, LPCVD) 之方式製作於矽玻璃基板上。非晶相 $Li_{3.6}Si_{0.6}P_{0.4}O_4$ 固態電解質則以鋰矽磷氧化合物 ($Li_{3.6}Si_{0.6}P_{0.4}O_4$) 粉末與氧化鋰 ($Li_2O$) 顆粒混合之靶材，藉射頻磁控濺鍍法 (RF magnetron sputtering) 鍍於正極薄膜上。最後鋰金屬負極薄膜爲藉由眞空蒸鍍 (vacuum evaporation) 再鍍於固態電解質上，即完成薄膜鋰離子電池之組裝。$Li_{3.6}Si_{0.6}P_{0.4}O_4$ 固態電解質經阻抗分析圖譜計算其離子導電率爲 5×10^{-6} S/cm。此薄膜電池則於兩種不同之充放電條件下進行實驗，第一種之電流密度爲 16 μA/cm² 與其放電深度爲 20%，經 2000 次充放電循環後其電容量衰退約 20%，如圖 1-3(a) 所示。第二種之電流密度則爲 6 μA/cm² 與其放電深度爲 75%，經 200 次充放電循環後其電容量衰退約 10%，如圖 1-3(b) 所示。

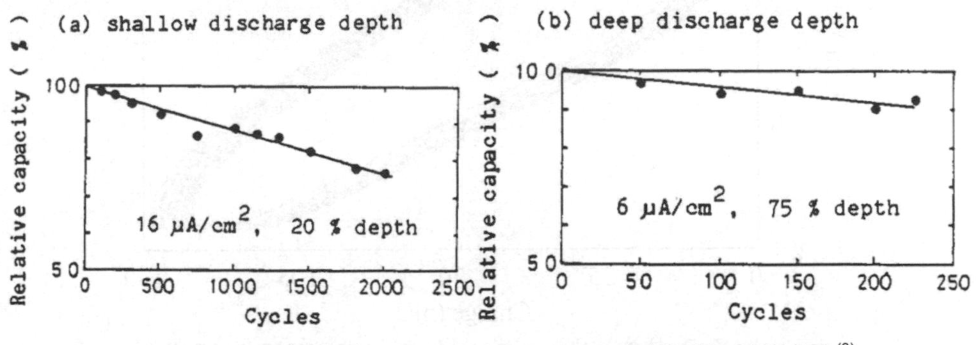

▲ 圖 1-3 薄膜電池 $Li/Li_{3.6}Si_{0.6}P_{0.4}O_4/TiS_2$ 之循環壽命測試圖[3]

薄膜鋰離子電池之固態電解質須具高離子導電率，然多數薄膜型電池電化學穩定性不佳，或因其沉積於正極材料上形成較高之內聚力，而產生裂痕甚至於脫落，因而限制它們實質上之應用。直至西元 1993 年由美國橡樹嶺國家實驗室 (Oak Ridge National Laboratory)Bates 等人 [(4)] 首度提出一種新穎之固態電解質一鋰磷氧氮化物 (lithium phosphorous oxynitride, LiPON)，其製作方式爲以磷酸鋰 (Li_3PO_4) 作爲靶材，其於氮氣氣氛條件下藉由射頻磁控濺鍍法進行合成，其離子導電率可達 2×10^{-6} S/cm。此研究團隊以 Li/LiPON/V_2O_5 作爲薄膜鋰離子電池之結構，其中非晶相之正極薄膜氧化釩 (V_2O_5) 爲以釩金屬作爲靶材，於 Ar 與 O_2 之混合氣氛下 (20 mtorr, Ar/O_2：86%/14%)，以直流磁控濺鍍法製作而成，而薄膜電池於充放電電流密度分別爲 5 μA/cm^2 與 20 μA/cm^2 下進行測試，可穩定循環於 2.75 V 與 3.75 V 之間，如圖 1-4 所示。

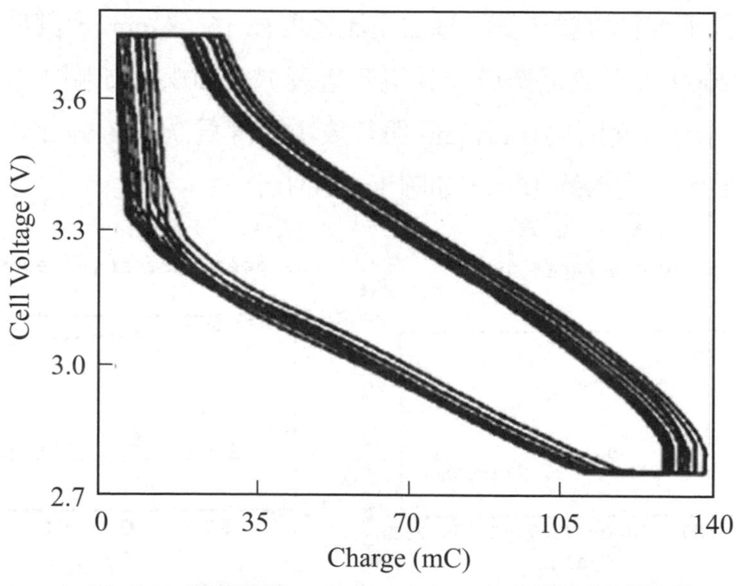

▲ 圖 1-4　薄膜電池 Li/LiPON/V_2O_5 之充放電測試圖 [(4)]

因鋰離子電池之正極材料對於其電化學表現扮演重要角色，而 1996 年已廣泛研究投入層狀過渡金屬氧化物鈷酸鋰 (lithium cobalt oxide, $LiCoO_2$)，故當年由美國橡樹嶺國家實驗室之研究團隊 [5] 再度以 LiPON 作爲固態電解質製作結構爲 Li/LiPON/$LiCoO_2$ 之薄膜鋰離子電池，如圖 1-5 所示。其中 $LiCoO_2$ 正極薄膜之製作方式爲以 $LiCoO_2$ 作爲靶材，其於 Ar/O_2 爲 3/1 之混合氣氛下 (2.6 Pa) 進行射頻磁控濺鍍而成，而因初鍍之 $LiCoO_2$ 薄膜爲非晶相之結構，故必須於空氣中加熱至 500 至 700°C 進行熱退火 (post-anneal) 使其具晶相。而其電化學表現以 $LiCoO_2$ 正極薄膜厚度爲 0.5 μm 與 700°C 下退火之薄膜電池爲例，循環於 4.2 V 至 3.0 V 之間且電流密度爲 100 $\mu A/cm^2$ 下進行 3000 次充放電，平均每個循環僅衰退電容量 0.0001%，故可得知其循環壽命表現極佳。

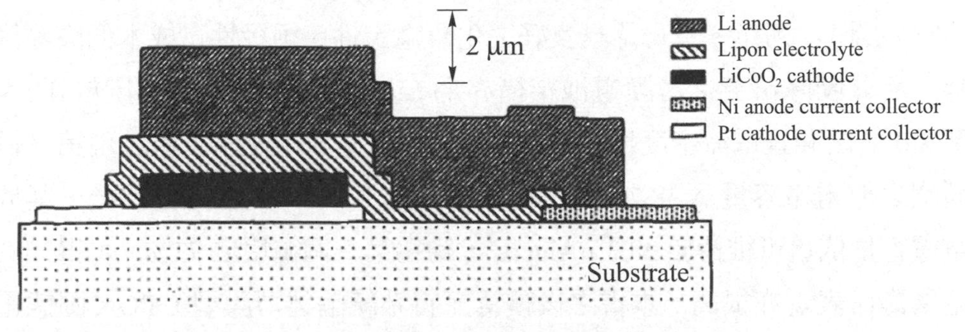

▲ 圖 1-5　薄膜電池結構 [5]

於薄膜鋰離子電池之研究中，許多不同之材料可作爲基材，如矽晶片、氧化鋁板 (Al_2O_3)、玻璃基板等。直至 2000 年由 Raffaelle 等人 [6] 成功首度利用塑膠 (Kapton) 作爲基材，組裝成可撓式 (flexible) 薄膜鋰離子電池，其電池結構如圖 1-6 所示。不同於一般之基材，其優點爲柔軟富可撓性且材質輕薄，使薄膜電池於應用層面可更加廣泛。然其缺點爲耐溫性不盡理想。然薄膜材料之沉積過程須加熱，非晶相之薄膜材料須藉由熱退火使其晶化，亦或藉由熱退火改善薄膜界面阻抗之材料。故產生製程上熱處理限制其離子導電率之提升，而使其於實際應用層面受限。

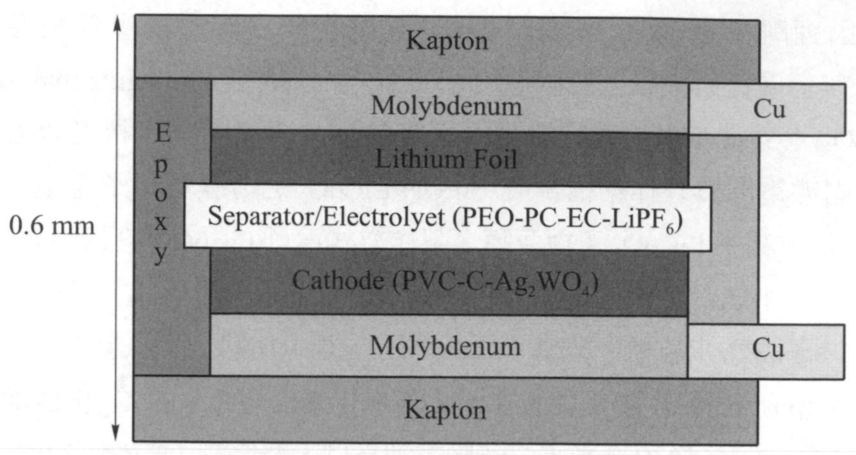

▲ 圖 1-6　可撓式薄膜電池結構 [6]

2009 年由 Song 等人 [7] 首度提出以雲母片 (Mica) 作爲薄膜鋰離子電池之基材，其亦具可撓性之優點且克服塑膠耐溫性不佳之問題，其電池結構圖如圖 1-7 所示。雲母片具良好之化學穩定性、絕緣性、成本低廉等優勢。而此團隊研究之薄膜電池結構亦爲 $Li/LiPON/LiCoO_2$，循環於 4.2 V 至 3.0 V 之間且電流密度爲 40 $\mu A/cm^2$ 下進行充放電測試，可發現第一個循環之放電電容量爲 38.7 $\mu Ah/cm^2$，而經過 1040 次充放電循環後，其放電電容量依舊可維持於 28.3 $\mu Ah/cm^2$，約爲第一個循環之 73%，可得知其循環壽命表現亦很高。本書之後續章節將系統論述薄膜型 LiPON 固態電解質之製程優化。

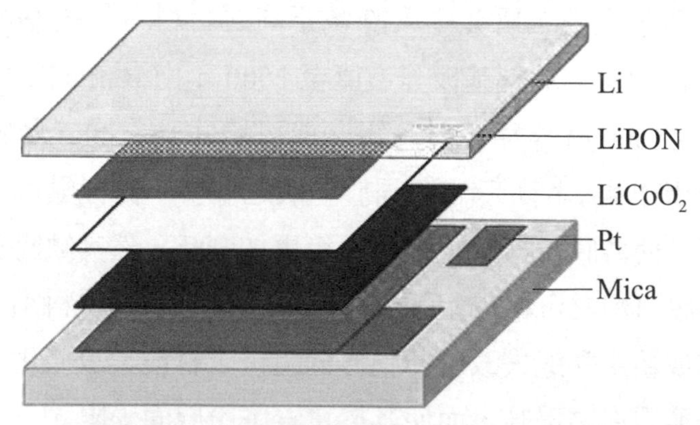

▲ 圖 1-7　可撓式雲母片基材之薄膜電池 [8]

1-1-2 石榴石型固態電解質

石榴石型電解質多爲立方晶系，具 $I_{a\bar{3}d}$ 空間群，與鋰金屬負極接觸較爲穩定，常用於固態鋰金屬電池之研究。Thangadurai 等人 [9] 首次報導石榴石電解質，組成爲 $Li_5La_3M_2O_{12}$ (M = Nb, Ta)。其導電率較差，約爲 10^{-6} S/cm。以鋯取代鈮或鉭之鋰鑭鋯氧 ($Li_7La_3Zr_2O_{12}$, LLZO)，其導電率較前述鋰鑭鉭氧與鋰鑭鈮氧高，因其價數平衡使鋰離子濃度提高，Zr^{4+} 之離子半徑較 Ta^{5+} 與 Nb^{5+} 大，可提升晶格常數，進而擴大鋰離子擴散之瓶頸面積。2007 年，Murugan 等人 [10] 首次以固態反應法合成立方相之石榴石型固態電解質，其離子導電率爲 10^{-4} S/cm。圖 1-8 爲立方相之鋰鑭鋯氧結構圖，可得知此晶體由 24c 之八配位鑭、16a 之六配位鋯、24d 之四配位鋰與 96h 之六配位鋰組成。此晶體結構資料由無機晶體結構資料庫 (Inorganic Crystal Structure Database, ICSD)422259 號資料取得。Awaka 等人 [11] 以固態反應法於較低溫度合成之 LLZO 非立方相結構而爲四方 (tetragonal) 相，且離子導電率遠低於立方相之 LLZO 許多 (10^{-6} S/cm)，故現今應用 LLZO 固態電解質皆以高溫度合成之立方相爲主。

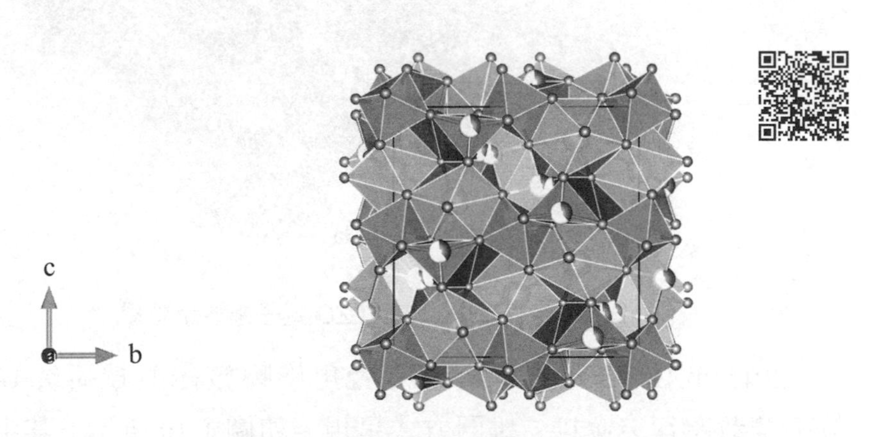

▲ 圖 1-8 LLZO 結構圖，其中紅色為 Li，紫色為 La，綠色為 Zr

2011 年，Buschmann 等人 [12] 發現 LLZO 於氧化鋁坩鍋內經多次燒結後，導電率隨燒結次數提升，且氧化鋁坩鍋壁厚度經多次燒結減少，推測氧化鋁經燒結後摻雜於 LLZO 中提升其導電率。故其摻入不同比例之氧化鋁，證實可提升 LLZO 之離子導電率，其中氧化鋁占與整體重量比約 1% 爲最佳比例，因鋁可填補 LLZO 之晶粒間晶界縫隙，穩定其立方相之形成。2014 年 Carlos 等人 [13] 將鎵摻入 LLZO 中，得 10^{-3} S/cm 之高離子導電率，其機制爲鎵占 24d 鋰位，形成鋰離子擴散之阻擋位，進而造成鋰空缺 (vacancy)，使鋰離子僅可擴散於其餘路徑，進而使其擴散速度提高，其晶體結構如圖 1-9 所示。然摻雜過多則造成鋰離子阻擋位過多而擴散路徑阻塞，反而降低其離子導電率。2014 年 Li 等人 [14] 於不同氣氛，氬氣、氮氣、空氣與氧氣下燒結鉭摻雜之 LLZO(LLZTO)，得知於氧氣下燒結之相對密度最高，鋰離子導電率亦最佳。

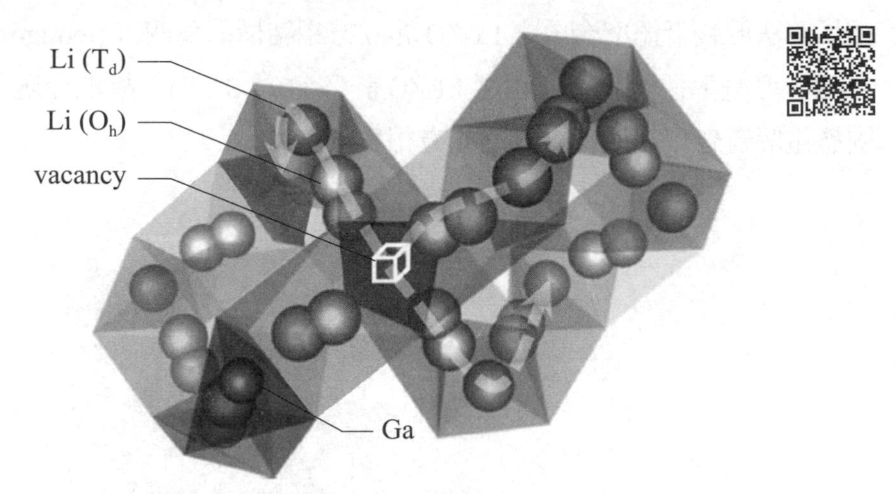

▲ 圖 1-9　摻雜鎵之 LLZO 離子擴散示意圖 [13]

2015 年 Dawei 等人 [15] 以鋰 6 魔角旋轉核磁共振研究 LLZO 之鋰離子擴散路徑，並以二維圖方式呈現，如圖 1-10 所示。其中 Li1 位於 24d、Li2 位於 48g、Li3 位於 96h，可由此二維圖得知鋰離子擴散路徑爲 24d → 96h → 48g → 96h → 24d，其中 48g 爲鋰離子進行傳導之中繼點，離子非進行傳導時不占 48g 位。

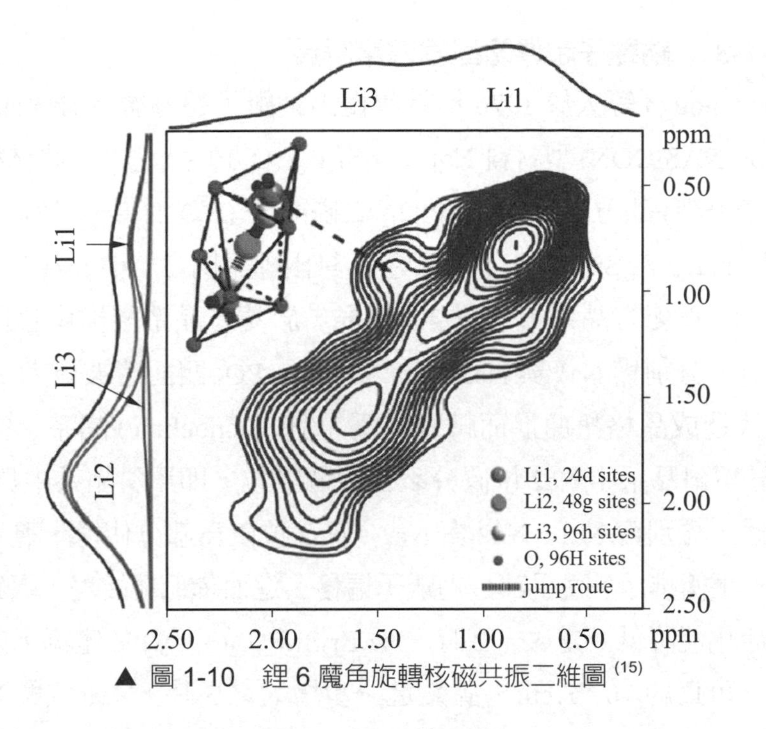

▲ 圖 1-10　鋰 6 魔角旋轉核磁共振二維圖 (15)

2015 年，中國科學院上海硅酸鹽研究所郭向欣團隊首次以 $LiFePO_4$ 爲正極製作出可循環充放電之石榴石固態電池。郭向欣團隊於正極中加入鋰鹽 (LiTFSI) 以提升正極之離子遷移動力學，並藉 Ta 摻雜之石榴石型固態電解質 $Li_{6.4}La_3Zr_{1.4}Ta_{0.6}O_{12}$ 組成固態電池，實現 60°C 可逆循環 100 次。

當前，石榴石型推電解質雖已被廣泛研究，然其離子導電率仍無法與商用電解液相比。提升石榴石型固態電解質之離子導電率爲促進其實用化之關鍵。爲有效提升石榴石型固態電解質之離子導電率，多元素摻雜爲首選之辦法。本書後續章節將介紹石榴石型固態電解質之多元素摻雜。

1-1-3 鈉離子超導體型固態電解質

Goodenough 等人於 1976 年首次提出鈉離子超導體型 (Na super ionic conductor, NASICON) 型材料 $Na_{1+x}Zr_2Si_xP_{3-x}O_{12}(0 \leq x \leq 3)$。此材料乃經由以矽離子 ($Si^{4+}$) 部分取代 $NaZr_2P_3O_{12}$ 之磷離子 (P^{5+}) 而得。(16)(17) 如圖 1-11 所示 (18)，$Na_{1+x}Zr_2Si_xP_{3-x}O_{12}(0 \leq x \leq 3)$ 具兩種不同之結構。當 X = 0 時，$Na_3Zr_2P_3O_{12}$ 爲菱方晶系，空間群爲 $R\bar{3}c$，於菱方晶系結構中具兩個不同之鈉位置，分別爲 Na1 與 Na2。當 X 增大，PO_4 四面體被更大之 SiO_4 四面體取代造成晶格扭曲進而轉變爲爲單斜 (monoclinic) 晶系，空間群爲 C2/c。於單斜晶系中 Na2 位置分裂爲兩個點位，即單斜晶系中具三個 Na 離子位置，分別爲 Na1、Na2 與 Na3。Na2 位置爲部分佔據，導致鈉離子之間之不平衡排斥，使得部分鈉離子偏移，進而降低勢能差，導鈉離子遷移之致活化能降低。當 X = 2 時，$Na_3Zr_2Si_2PO_{12}(x = 2)$ 於室溫下離子導電率最高，可達約 10^{-3} S/cm。當 X 進一步增大之 3 時，Na1 位與 Na2 位變爲全佔據，進而導致離子導電率降低。故此鈉超離子導體型固態電解質之研究多集中於 $Na_3Zr_2Si_2PO_{12}$(NZSP) 之摻雜。

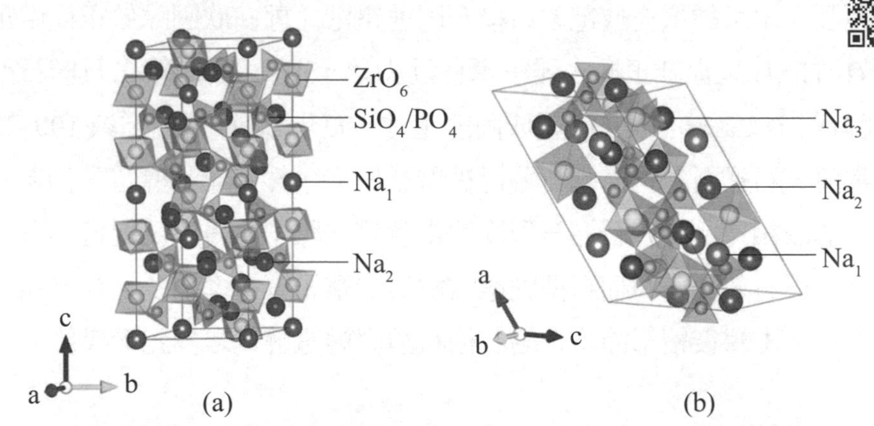

▲ 圖 1-11 (a) 菱方 NZSP 結構圖；(b) 單斜 NZSP 結構圖 (18)

於此單斜相之 NZSP 中，SiO_4/PO_4 四面體與 ZrO_6 八面體共享角落之氧原子而構成三維通道以用於鈉離子之遷移。如圖 1-12 所示 [19]，於單斜 NZSP 中具四種不同之瓶頸區域 (bottleneck region)，即兩個 Na1-Na2 通道與兩個 Na1-Na3 通道，此瓶頸區域之大小將直接影響鈉離子遷移之能障，故與離子導電率相關，可經由不同元素之取代以擴大瓶頸區域，進而提高離子導電率。Song 等人 [20] 於 2016 年以多種不同元素取代鈉超離子導體型固態電解質中之 Zr^{4+} 位，發現以 Mg^{2+} 取代時可得瓶頸區域最大面積 (約 6.522 $Å^2$)，未取代時則僅約為 5.223 $Å^2$，$Na_{3.1}Zr_{1.95}Mg_{0.05}Si_2PO_{12}$ 之室溫導電率可達 3.5×10^{-3} S/cm，另外以離子半徑較大之 Ba^{2+} 取代時，瓶頸區域比未取代時更小，代表取代基之離子半徑具重要之特性。考量離子半徑與瓶頸區域大小之關聯，Ma 等人 21 於 2016 年以 Sc^{3+} 進行摻雜，因 Sc^{3+} 離子半徑與 Zr^{4+} 相近，僅產生正電荷之缺陷而不扭曲結構，$Na_{3.4}Zr_{1.6}Sc_{0.4}Si_2PO_{12}$ 於室溫下導電率可達 4×10^{-3} S/cm，為迄今全部已報導之鈉超離子導體型固態電解質中之最高值。

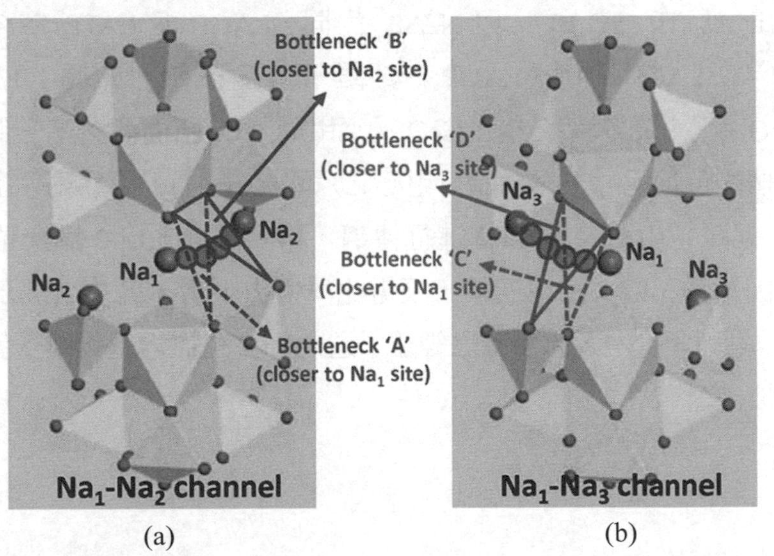

▲ 圖 1-12 (a) 單斜 NZSP 中之兩種 Na1-Na2 通道示意圖；(b) 兩種 Na1-Na3 通道示意圖 [19]

除上述改變瓶頸區域之大小，亦可經由優化晶粒大小與調整晶界處之化學成分以降低晶界阻抗，進而提高鈉超離子導體型固態電解質之導電率。Ihlefeld 等人[22] 於 2016 年研究縮放效應 (scaling effect) 於 $Na_{1+x}Zr_2Si_xP_{3-x}O_{12}(0.25 \leq x \leq 1)$ 之晶界阻抗影響，結果表明增加矽含量與降低退火溫度將導致晶粒尺寸縮小，進而導致晶界阻抗之增加。Hu 等人[23] 於 2016 年以 La^{3+} 摻雜 $Na_3Zr_2Si_2PO_{12}$，發現晶界產生 $Na_3La(PO_4)_2$、La_2O_3 與 $LaPO_4$ 等新相，而新相之生成可調節晶界之化學成分，進而促進鈉離子之快速遷移。

鈉超離子導體型固態電解質因其出色之電化學與化學穩定性、高室溫離子電導率與熱穩定性高等優勢，被視爲最具潛力之固態電解質。此外，NZSP 型固態電解質具優良之空氣穩定性，可適用於鈉氧氣與鈉二氧化碳電池之研究。

此外鈉超離子導體型固態電解質結構之鋰離子導體亦爲廣泛研究，如磷酸鍺鋁鋰 LAGP($Li_{1.5}Al_{0.5}Ge_{1.5}(PO_4)_3$) 與磷酸鈦鋁鋰 LATP($Li_{1.5}Al_{0.5}Ti_{1.5}(PO_4)_3$)。與 NZSP 不同，LAGP 與 LATP 之空間群爲 $R\bar{3}c$。以 LAGP 爲例，LAGP 之鋰離子傳輸機制，如圖 1-13 所示。$LiGe_2(PO_4)_3$ 爲三維框架結構，GeO_6 八面體與 PO_4 四面體共享一個角落，鋰具兩個配位環境，一爲以鍺爲中心之六配位 (Li 1)，二爲兩六配位之間 (Li 2)，鋰離子由 Li 1 至 Li 2 進行傳導。摻雜鋁前，Li 2 爲空位。[24] 摻雜後，因鋁爲三價，鍺爲四價，須電化學價數平衡，發生 Al^{3+} 部分取代 Ge^{4+}，故鋰離子量增多。多餘之鋰離子進入 Li 2 位置增進鋰離子傳播速度與連動性。

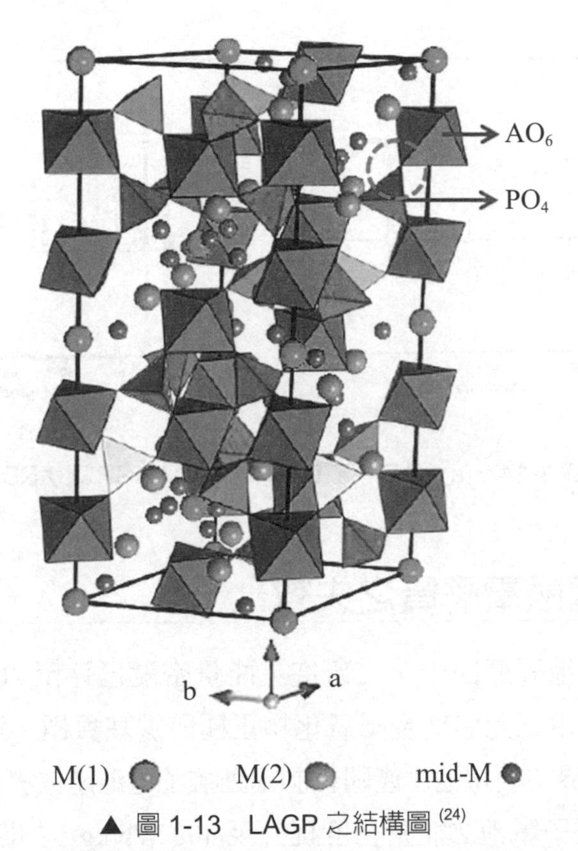

▲ 圖 1-13 LAGP 之結構圖 [24]

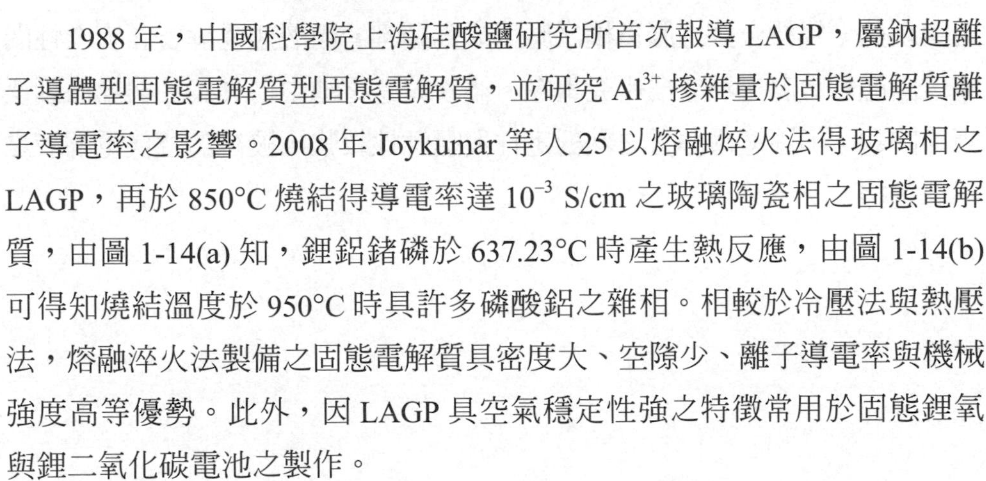

1988 年，中國科學院上海硅酸鹽研究所首次報導 LAGP，屬鈉超離子導體型固態電解質型固態電解質，並研究 Al^{3+} 摻雜量於固態電解質離子導電率之影響。2008 年 Joykumar 等人 25 以熔融焠火法得玻璃相之 LAGP，再於 850°C 燒結得導電率達 10^{-3} S/cm 之玻璃陶瓷相之固態電解質，由圖 1-14(a) 知，鋰鋁鍺磷於 637.23°C 時產生熱反應，由圖 1-14(b) 可得知燒結溫度於 950°C 時具許多磷酸鋁之雜相。相較於冷壓法與熱壓法，熔融淬火法製備之固態電解質具密度大、空隙少、離子導電率與機械強度高等優勢。此外，因 LAGP 具空氣穩定性強之特徵常用於固態鋰氧與鋰二氧化碳電池之製作。

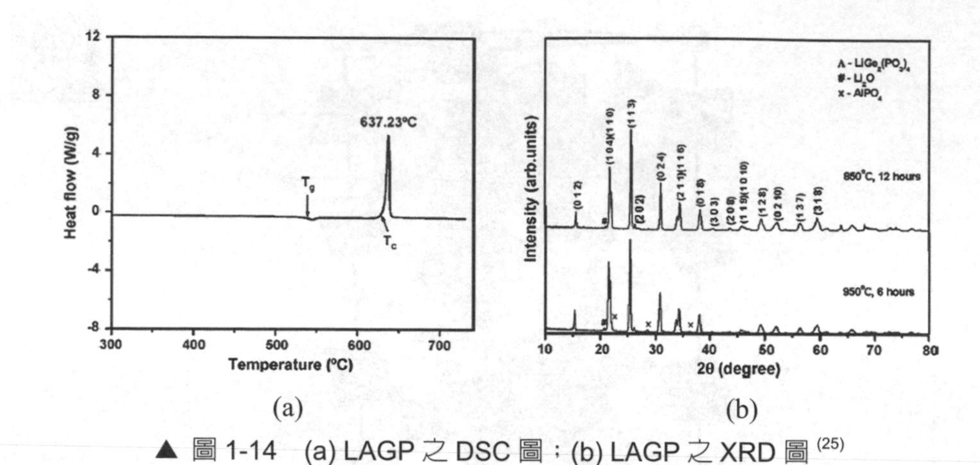

(a) (b)

▲ 圖 1-14 (a) LAGP 之 DSC 圖；(b) LAGP 之 XRD 圖 [25]

1-2 固態電解質之失效

鋰離子電池經歷四十年之研究，能量密度已達至 300 Wh/kg。此一鋰離子電池使用三元過度金屬氧化物正極與碳基負極。近年，中國、美國、日本等世界主要電池生產國皆制定鋰離子電池產業發展規畫，預計於 2025 年將鋰離子電池之能量密度提升至 400 Wh/kg，如圖 1-15 所示。[26] 爲實現此一目標，鋰金屬負極之應用成爲關鍵。因液態電解質之安全性問題，固態鋰金屬電池成爲研究重點。儘管固態電池中仍具枝晶與界面副反應等問題，但固態電解質之熱穩定性與阻燃性較強，被視爲替代電解液之不二選擇。

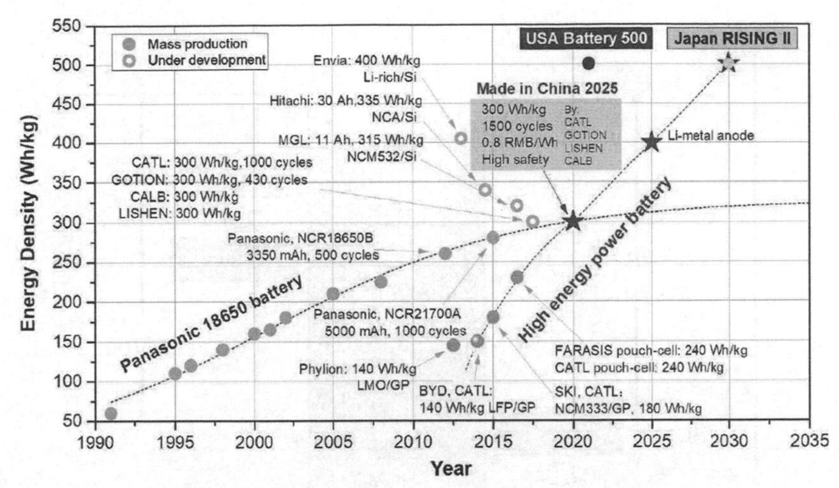

▲ 圖 1-15 鋰離子電池能量密度發展路線圖 [26]

雖然固態鋰金屬電池之安全性較液態鋰金屬電池高。然向固態電池中引入鋰金屬負極造成電池之界面穩定性下降，進而導致固態電池循環壽命降低。於理想之固態鋰離子電池中，鋰離子之氧化還原爲負極之唯一反應。鋰金屬於負極反應中爲均勻沉積與剝離。然實際之固態電池中具界面副反應與非均勻性鋰沉積制約固態電池之循環壽命。[27~29] 本節將重點探討固態鋰金屬電池中界面副反應與枝晶生長之機理。根據筆者之研究經驗，本節之探討之界面失效原因主要針對無機固態電解質。

1-2-1 化學與電化學穩定性

於電池之中，負極爲還原劑，而正極爲氧化劑，固態電解質之穩定電化學窗口本質上爲電子最高占據分子軌域 (HOMO) 與電子最低未占據分子軌域 (LUMO) 之間能量間隔所決定，如圖 1-16 所示。於開路條件下，固態電解質之化學穩定性取決於電極之化學勢，若鋰金屬負極之化學勢高於 LUMO，則固態電解質之化學穩定性將降低。[30]

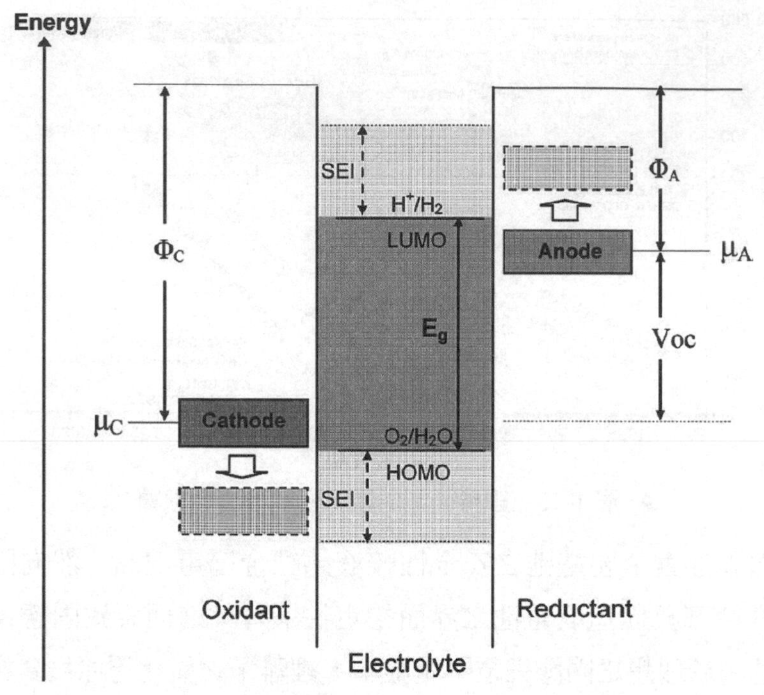

▲ 圖 1-16　固態電解質之穩定電壓窗口圖 [30]

此外，於電化學方法中，可由公式 (1-1) 計算鋰金屬負極之電化學勢，其中施加之電壓爲 V，基本電荷爲 e，$\mu_{Li}{}^{o}$ 爲鋰金屬中之化學勢。

$$\mu_{Li} = \mu_{Li}{}^{o} - EV \tag{1-1}$$

於固態電解質中電化學穩定性由鋰金屬負極之電化學電位所決定，若鋰金屬負極之 μ_{Li} 高於 LUMO，則固態電解質被還原。

因鋰金屬之超低電位 (相對於標準氫電極爲 –3.04 V)[31]，極少固態電解質對於鋰金屬負極具穩定性，固態電解質將於鋰金屬負極接觸生界面層。根據先前之實驗與理論研究，界面可分爲三種類型，如圖 1-17 所示。於穩定之界面下，固態電解質與鋰金屬負極於熱力學上皆爲穩定。於動力學穩定之界面層 (kinetically stable interphase, KSI) 中，固態電解質之還原爲自發產生，然界面層具電子絕緣性，電子之電化學位於界面層處降低，鋰金屬之電化學電位亦隨之降低，以滿足固態電解質之電化學窗口。故固態電解質受動力學穩定之界面所保護而不受連續還原之影響。於混合導電界面層 (mixed conductive interphase, MCI) 中，固態電解質之還原爲自發，且界面較高之電子與離子導電率，使界面副反應持續發生，並爲固態電解質持續非晶化。

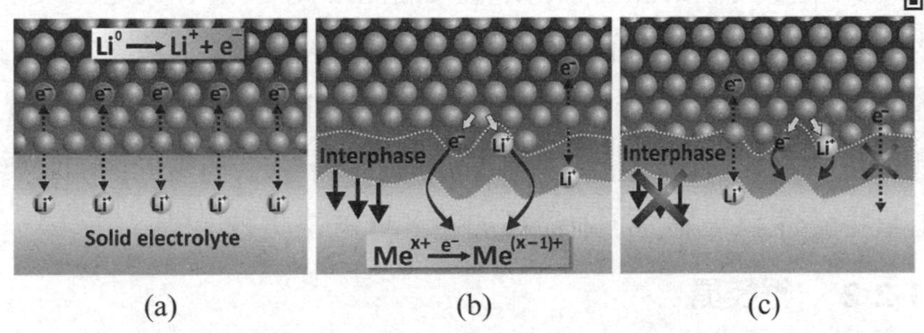

▲ 圖 1-17 (a) 穩定界面；(b) 混合導電界面；(c) 動力學穩定界面之示意圖 (32)

多數固態電解質於鋰金屬負極接觸爲熱力學不穩定之狀態，於固態電解質之負極側普遍爲動力學穩定界面與混合導電界面。例如不含過渡金屬之固態電解質，如 LiPON、$Li_7P_3S_{11}$ 與 Li_6PS_5X(X = Cl，Br，I) 於鋰金屬負極爲動力學穩定 (32~34)，因 Li_3N 或富含 Li_2S 之界面鈍化固態電解質層阻止界面副反應進一步發生。此外因石榴石中之過渡金屬較難還原爲金屬態 (35~37)，故石榴石型固態電解質於負極側亦爲動力學穩定之界面。因此類界面層無電子導電之金屬或合金，電子絕緣層則可抑制還原反應，故爲動力學穩定之界面。$Li_{10}GeP_2S_{12}$(LGPS)、LAGP 與 LATP 於負極側爲混合導電界面，因導電子之界面 Ge^{4+} 與 Ti^{4+} 可被還原爲金屬態。(27)(35)(38)(39) 混合導電界面促進金屬之連續還原，導致固態電解質因而失效。

隨固態電解質之還原，伴隨鋰化反應之發生。於 2020 年 Zhu 等人 (38)(40) 發現硫銀鍺礦 ($Li_{11}PS_5Cl$) 與鈉超離子導體型固態電解質 ($Li_3Al_{0.3}Ti_3(PO_4)_3$) 之鋰化狀態，表示負極上固態電解質之間接分解。鋰化之起始位置最初爲硫銀鍺礦之負極側 (40)，但鋰化狀態爲亞穩狀態

(metastable)，最終分解爲穩定之產物，即爲固態電解質之完全非晶化。此外，廈門大學楊勇團隊亦發現鈉超離子導體型固態電解質之 LATP 之鋰化狀態 ($Li_3Al_{0.3}Ti_3(PO_4)_3$)。此處，因 Ti^{4+} 之還原，鋰化之 LATP 顯示出更高之電子導電性，高電子導電性可能導致鋰金屬於晶界區域沉積並使混合導電界面連續增長。

此外鋰金屬負極對於固態電解質之還原並非直接導致電池失效，於 LAGP 中混合導電界面之持續增長將導致體積增加，從而產生內應力，致使固態電解質之機械失效。[27][29] 此外以更高之電流密度循環時，於 LAGP 中可觀察更多之破裂現象。[28] 因高電流密度下，混合導電界面加快增長，造成 LAGP 產生巨大壓力，並最終加速 LAGP 之失效。[41]

1-2-2 鋰枝晶

於液體電解質中可觀察鋰金屬之沉積與剝離導致鋰枝晶之形成。[42] 傳統觀念認爲高機械強度之固態電解質可有效地抑制鋰枝晶之生長。[43~45] 然於固態鋰離子電池中仍具鋰枝晶引起之短路問題。[46][47]

具高摩爾體積與剪切模數之固態電解質爲理想類型。然多數固態電解質之摩爾體積較小[48]，故常發生鋰金屬之非均勻沉積。鋰枝晶並非破壞固態電解質而沉積，而爲經由晶界區域成長。且同步層析成像 (synchrotron tomography) 亦已用於研究枝晶之生長，具高密度石榴石結構之固態電解質可抑制鋰枝晶之成長，從而改善晶界區域之機械強度。[49] 此外，晶界具較體相 (bulk phase) 帶隙小。此外，晶界區域之離子導電率較低。故鋰離子容易於晶界區域被還原爲鋰金屬而成爲枝晶。爲抑制鋰枝晶，常使用諸如金屬氧化物與離子液體等添加劑用以提升晶界之離子導電率並增強固態電解質之機械強度。

界面接觸不佳亦爲導致枝晶產生之重要原因。固態電解質與電極於微觀程度下呈現點接觸，其導致鋰金屬之沉積與剝離皆僅於固態電解質與負極接觸之特定區域。長時間之鋰金屬沉積累積後，將導致鋰枝晶枝生成。根據沙漏理論，提升固態電解質與負極界面之接觸可有效抑制枝晶。故拋光界面被廣泛用以改善物理接觸。然因鋰金屬負極放電剝離而導致固態電解質與負極之間出現空隙，如圖 1-18 所示。故僅增進初始狀態下之界面接觸無法有效抑制枝晶產生。(50)(51)

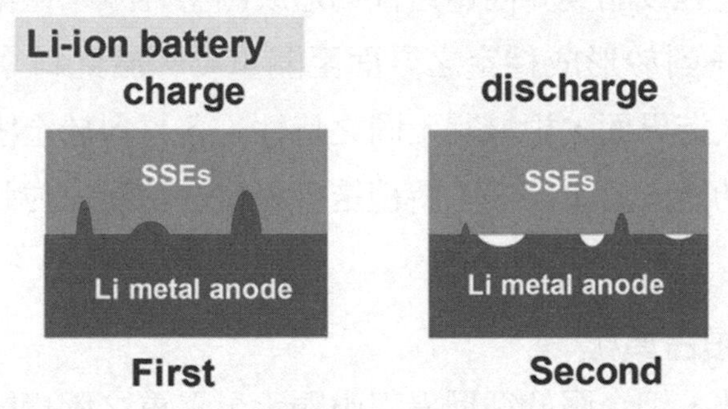

▲ 圖 1-18　固態電解質 (SSEs) 與鋰金屬負極於循環過程中之枝晶與空洞生成示意圖 (52)

石榴石固態電解質之界面接觸更爲複雜。石榴石型固態電解質之四面體扭曲導致質子交換反應。(53) 氫氧化鋰 (LiOH) 爲質子交換反應之產物。於空氣中，氫氧化鋰與二氧化碳 (CO_2) 反應，於石榴石表面生成碳酸鋰 (Li_2CO_3)，表面碳酸鋰阻止離子於界面之擴散導致界面阻抗升高。此外碳酸鋰爲疏鋰物質，碳酸鋰之沉積將導致鋰金屬負極無法有效潤濕石榴石固態電解質。故除去表面之碳酸鋰亦可改善其界面之接觸現象。(54)

於 2019 年 Han 等人 (55) 發現固態鋰離子電池於 100°C 循環後，鋰枝晶均勻地沉積於固態電解質之主體中。此現象因高溫下固態電解質之電子導電率增加助於電子轉移至固態電解質之主體相中，並於體相中還原鋰離子導致均勻之鋰枝晶沉積。故鋰枝晶之生成被認爲電子誘導之結果。

綜上所述，固態電池之枝晶穿刺顯現由多種原因影響。固態電解質之密度、界面接觸與電子導電率皆對枝晶之產生具影響。然而目前尚無關於固態電池枝晶穿刺現象之定論。大多數科學家認爲枝晶穿刺現象爲化學－電化學－機械協同作用之結果。

1-3 界面修飾

如前所述，鋰枝晶與界面穩定性爲造成固態鋰離子電池失效之原因。[54][56][57] 控制電子對於形成穩定之界面至關重要，於此科學家已開發出各式材料以製造人造界面，根據其不同之特性，各材料於全固態鋰離子電池中皆具不同之功能。於本節中，將總結各材料之功能，並強調各材料所面臨之挑戰。[58]

1-3-1 複合負極

如上文所述，鋰金屬於循環過程中顯示出嚴重之體積變化，從而導致鋰枝晶生長，如圖 1-19(a) 所示。將三維結構集流體引入固態鋰離子電池中以構建複合負極，該負極可抑制鋰枝晶之生成並延長循環壽命，如圖 1-19(b) 所示。石榴石型固態電解質製成之三維結構已引入至鋰金屬負極中，三維結構於固態電解質與負極中爲鋰金屬之沉積與剝離提供更大之面積其抑制整體體積變化 [57]，對稱電池可於 0.5 mA/cm^2 下穩定地循環 300 個小時。除無機固態電解質外，以聚合物爲基底之固態電解質亦已用於製造複合負極。於 2019 年 Yu 等人 [59] 使用碳黑 (carbon black) 結合聚乙二醇單甲醚 (poly(ethylene glycol) monomethyl ether) 已被用於鋰金屬中製作混合導電三維主體結構，其配製之複合負極爲半液體 (semiliquid)，可實現界面緊密之接觸。混合導電複合負極使電流均勻分布，利於鋰枝晶之抑制。石榴石型固態電解質之對稱電池於循環條件 1 mA/cm^2 與 65°C 下仍可循環達 390 小時。

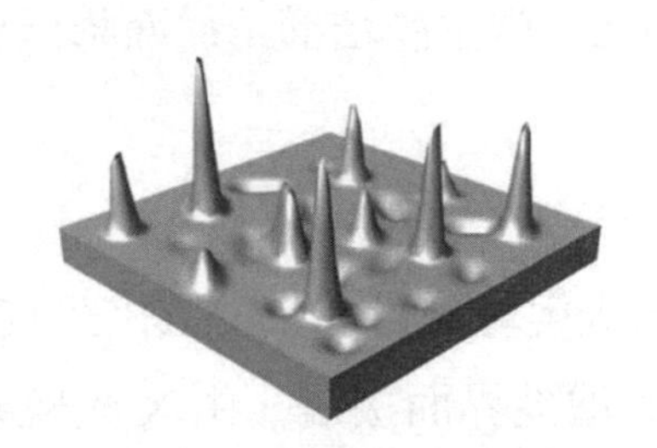

(a)

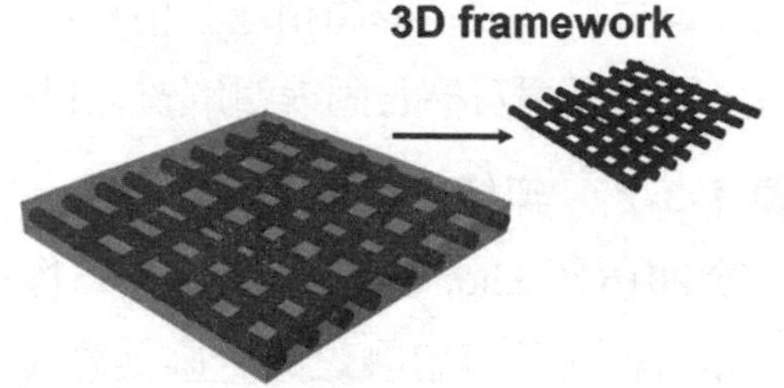

(b)

▲ 圖 1-19 (a) 鋰枝晶枝生成；(b) 三維鋰金屬負極之示意圖 [52]

除由鋰離子導體製成之三維結構外，金屬三維骨架亦被用於構建複合負極。[60] 於 2019 年 Chi 等人 [61] 使用具三維骨架之鎳泡沫 (Ni foam) 被用於製造複合負極，其三維結構減輕循環過程之體積變化。配合基於聚環氧乙烷 (PEO) 之界面，固態電池於 90°C 下經過 200 次循環後仍表現出優異之循環穩定性。於 2020 年 Li 等人 [62] 使用三維銅集流體用以抑制 LAGP 固態電解質之鋰枝晶，爲改變銅之表面性質並防止 Li 金屬與 LATP 之間之界面副反應，其引入原位聚合夾層 (in situ polymerized interlayer) 用於全固態鋰離子電池中。藉由三維銅集流體與聚合物之界面，其對稱電池可於 500 小時內穩定循環。於 2020 年 Chen 等人 [63] 使用奈米碳管於鋰金屬負極中建立三維主體結構。根據理論計算結果證明，鋰金屬於碳管與其界面之擴散較快，由碳管建立之三維主體結構可緩衝循環過程中之體積變化。

此外石墨亦用於容納鋰金屬負極，複合負極爲經由還原氧化石墨烯與熔融之鋰金屬經由火花反應 (spark reaction) 所獲得。[26] 於複合負極中，互連之石墨承載鋰金屬負極，減低循環過程中之體積變化。鋰石墨複合材料較易潤濕石榴石表面使固態鋰離子電池具出色之循環性能，可與基於液體電解質之電池媲美。此外其他二維材料，例如：氮化硼奈米片與石墨狀氮化碳 (g-C_3N_4) 亦用於製備複合負極。[64][65] 氮化鋰被熔融之鋰金屬還原於界面處形成一層富含 Li_3N 之界面層，從而提升鋰金屬於界面之潤濕性。

以上二維材料於鋰金屬體相建立相互接觸之三維主體結構，從而降低界面張力，以達潤濕石榴石固態電解質之目的。

1-3-2 無機化合物

於 2016 年 Zhou 等人 (66) 首先於石榴石固態電解質上塗覆氧化鋅 (ZnO) 作爲界面材料並與熔融之鋰金屬共熱後以增進界面接觸。由 X 光繞射儀檢測發現鋰鋅合金，由此得知鋰金屬還原氧化鋅，生成鋰鋅合金與氧化鋰 (Li_2O)。鋰鋅合金對鋰金屬與石榴石固態電解質之緊密接觸起重要作用，有效地抑制枝晶之生長，如圖 1-20 所示。於 2017 年 Wang 等人 (67) 於石榴石固態電解質之負極側塗佈氧化鋁 (Al_2O_3)，由能量色散 X 射線譜 (Energy-dispersive X-ray spectroscopy) 可發現鋰鋁氧合金。此外，氧化錫 (SnO_2) 亦被多個團隊用於修飾石榴石固態電解質之負極側。(68)(69)

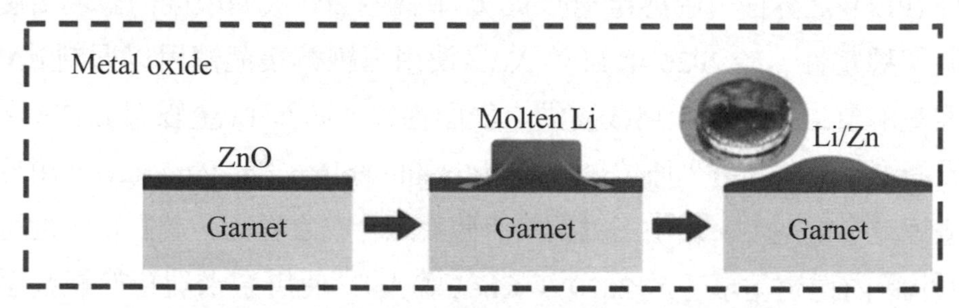

▲ 圖 1-20　氧化鋅應用於界面材料之示意圖 (66)

除氧化物，用於製造全固態薄膜鋰電池之鋰磷氧氮化物 (lithium phosphorous oxynitride, LiPON) 亦被用於界面材料。因鋰磷氧氮化物之電子絕緣性，藉射頻磁控濺鍍法 (RF magnetron sputtering) 合成之鋰磷氧氮化物已被用於保護 LAGP 與 LAGP 聚合物複合電解質之負極側 (70)(71)，如圖 1-21 所示。LiPON 具超過 70 GPa 之高楊氏模數，其可由其機械強度防止鋰枝晶之生成。(72) 然鋰磷氧氮化物之低離子導電率 (10^{-6} S/cm) 成爲其發展之瓶頸。具比鋰磷氧氮化物 (10^{-6} S/cm) 高導電率 (10^{-3} S/cm) 之氮化鋰 (Li_3N) 亦被用於全固態鋰離子電池之界面。2018 年 Xu 等人 (73) 於石榴石固態電解質之負極界面側塗佈氮化鋰。氮化鋰增強界面之潤濕性並防止石榴石固態電解質於空氣中之分解。此固態鋰離子電池於電流密度 100 μA/cm^2 與 40°C 下壽命爲 300 圈循環。此外於 2018 年 Hou 等人 [74] 將絕緣之氟化鋰 (LiF) 與氮化鋰 (Li_3N) 結合，於 LAGP 複合電解質上形成人造界面，其可穩定負極界面並改善界面相容性，固態電池初始放電容量爲 143.6 mAh/g，於 0.1 C 之電流密度下之壽命超過 200 次循環。

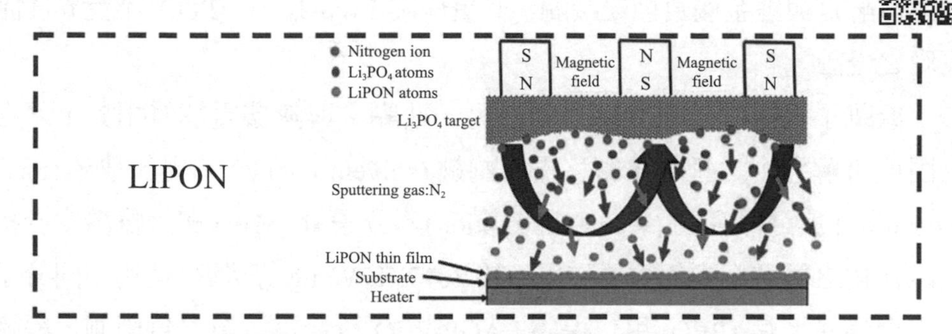

▲ 圖 1-21　LiPON 應用於界面材料之示意圖 [70]

1-3-3　聚合物

聚合物因其柔軟之質地與高潤濕性而被作爲界面材料，以利於固態電解質與電極之間之緊密接觸，如圖 1-22 所示。鑑於其電子絕緣性能，聚合物可用於保護固態電解質不受界面副反應之影響。然而，聚合物類固態電解質面臨不良之機械性質，較低之離子導電率與陽離子轉移數之挑戰。

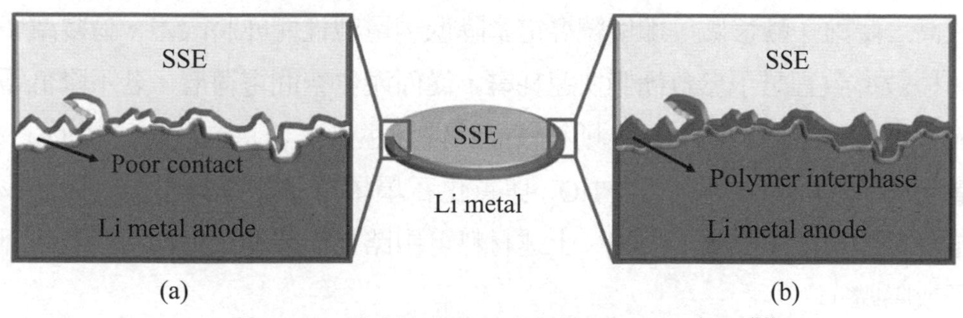

▲ 圖 1-22　聚合物應用於全固態界面之示意圖 [52]

聚合物界面之柔軟質地增進界面接觸而使界面阻抗降低，但其不良之機械強度使聚合物界面不易防止鋰枝晶生長。由交聯 (cross-linking) 策略可提高聚合物之機械穩定性 [75]。2016 年 Zhou 等人 [66] 塗佈交聯之聚乙二醇甲基醚丙烯酸酯固態電解質 (poly(ethylene glycol) methyl ether acrylate) 於 $Li_{1.3}Al_{0.3}Ti_{1.7}(PO_4)_3$ 與 $Li_7La_3Zr_2O_{12}$ 固態電解質之兩側。於界面之保護下，兩種固態電池之循環性能皆得改善。聚合物固態電解質不僅增進兩類固態電解質與鋰金屬負極之接觸，其更保護 $Li_{1.3}Al_{0.3}Ti_{1.7}(PO_4)_3$ 不受界面副反應之侵蝕。

低離子導電率爲聚合物界面之另一缺點。與無機電解質相異，聚合物固態電解質中之鋰離子轉移需溶劑鏈 (solvent chains) 之局部弛豫 (local relaxation) 與鏈段運動 (segmental motion)。分子量 (MW) 與鋰鹽濃度於提高聚合物之導電率中起重要作用。於 2017 年 Wang 等人 [67] 使用不同分子量之聚環氧乙烷 (PEO) 用以保護 LAGP-PEO 複合電解質之負極側，經過優化後分子量爲 500000 之 PEO 表現出增強之性能。於 2018 年 Li 等人 [76] 由優化 LiTFSI 之濃度提高聚碳酸丙二酯 (polypropylene carbonate, PPC) 之室溫 (room-temperature, RT) 導電率。加入 80 wt% 之 LiTFSI 於聚碳酸丙二酯中，於 30°C 時顯示 6.26×10^{-4} S/cm 之最高導電率。借助基於 PPC 之聚合物界面，固態電池呈現高循環穩定性。

聚合物電解質之總導電率由陽離子與陰離子共同貢獻。若聚合物呈現較高之陽離子轉移數，即使總導電率降低，電池性能亦將改善。低陽離子轉移數導致鋰離子於負極側快速耗盡，從而產生空間電荷層。若不降低電流以匹配離子擴散動力學，則鋰枝晶將快速生長。若將二氧化矽 (SiO_2)、氧化鋁 (Al_2O_3)、二氧化鈦 (TiO_2) 與氧化石墨烯量子點等材料引入聚合物電解質中可改善陽離子轉移。上述材料可由路易斯酸鹼相互作用吸收陰離子或陽離子。

此外陰離子設計於提高聚合物固態電解質之導電率與離子遷移數方面亦相當重要。[77] 例如將 $LiN(SO_2CF_3)_2$ 部分取代爲六氟砷酸鋰 ($LiAsF_6$)，可將 PEO 基聚合物電解質之導電率提高 1.5 個數量級。[77] 由使用適當之鋰鹽可改善陽離子之轉移數，如帶存部分 $TFSI^-$ 與環氧乙烷單元之醚官能化陰離子 (EFA^-)。[78] EFA^- 中之 EO 部分將導致鋰鹽陰離子與 PEO 之間之混溶，故陰離子可連接至聚合物基質上並被局部化，由使用基於 EFA 之鋰鹽，聚合物電解質可顯示出更高之陽離子轉移數。

丁二腈 (succinonitrile, SN) 爲高導電率之聚合物電解質，亦被用於人造界面中[79]，丁二腈中碳－氮鍵之高極性助於解離鋰鹽。丁二腈之鏈位向無序 (chain orientational disorder) 與長程平移有序 (long-range translational order) 使其具 10^{-3} S/cm 之出色離子導電率，且丁二腈之低熔點助於製造聚合物界面。然丁二腈與鋰金屬接觸之穩定性差，爲解決此問題，使用電解液添加劑硝酸鋰 ($LiNO_3$) 作爲填充劑，可提高丁二腈聚合物界面之穩定性。[80] 經丁二腈界面修飾之硫化物固態電解質經過 120 圈循環後容量保持率仍達 93%。此外，石榴石奈米線 (garnet nanowire) 與氟代碳酸乙烯酯 (fluoroethylene carbonate) 亦已被用於改善丁二腈界面之穩定性。[81]

含氟 (F) 之聚合物，例如聚偏氟乙烯－六氟丙烯共聚物 (poly vinylidene fluoride-co-hexafluoropropylene, PVDF-HFP) 與聚偏二氟乙烯 (polyvinylidene difluoride, PVDF)，亦已被用作聚合物界面。與廣泛研究基於 PEO 之聚合物界面相比，含氟聚合物顯示出更寬之電化學窗口。此種聚合物與鋰金屬負極接觸形成動力學穩定之界面。因 PVDF 之部分還原，此動力學穩定界面富含氟化鋰 (LiF)。LiF 可增進界面之接觸，並阻止鋰金屬進一步侵蝕 PVDF。此富氟化鋰之界面可由飛行時間二次離子質譜儀 (time of flight secondary ion mass spectrometry, TOF-SIMS) 進行檢測。[82] 因含氟聚合物之穩定性使其利於應用於界面修飾。例如聚偏氟乙烯 - 六氟丙烯共聚物已用於增進石榴石固態電解質與正負極之接觸。基於聚偏氟乙烯 - 六氟丙烯共聚物之界面，可將負極側之界面阻抗自 $1.4 \times 10^3\ \Omega/cm^2$ 降低至 $214\ \Omega/cm^2$。(83) 全固態鋰離子電池初始之電容量爲 170 mAh/g，並於電流密度 1 C 下穩定循環大於 70 次。

聚合物界面之柔軟質地使電極與固態電解質之間緊密接觸，但其較差之機械強度不利於抑制鋰枝晶。於 2019 年 He 等人 (84) 使用鋰錫 (Li-Sn) 合金負極以抑制鋰枝晶穿透 LAGP 上之聚合物界面，具鋰錫合金負極之對稱電池於循環中顯示出降低之過電位。

1-3-4 合金

鋰金屬合金可抑制液體電解質中之鋰枝晶，於負極上合金化或脫合金反應有地抑制鋰之不均勻沉積，然而循環期間之體積膨脹與收縮限制其於固態鋰離子電池中之應用。無機固態電解質易被膨脹之負極所破壞，而電極因負極體積變化而失去界面接觸。近年合金作爲界面材料被廣泛應用於固態電池界面之修飾。合金界面層得益其較低之厚度，循環過程中合金其之體積變化對於固態電池之負面影響較小。因合金可改變表面張力，故其有助於鋰金屬潤濕固態電解質之界面。經由潤濕固態電解質之表面，可擴大負極與固態電解質間之有效接觸面積。此舉助於抑制鋰枝晶成長。於 2016 年 Tsai 等人 (46) 使用鋰金 (Li-Au) 合金潤濕界面，顯著降低固態電解質之界面阻抗。

儘管當前產業界與學術界對固態電池與固態電解質之研究投入增加，且已有數量眾多之關於固態電池與固態電解質之專利與論文，但目前固態電解質之離子導電率與界面穩定性等問題尚未研究透徹。本書後續章節將介紹筆者團隊於固態電池研究之相關成果，期望可爲產業界與學術界之讀者提供參考與借鑒。

參考文獻

(1) Xiao, Y.; Wang, Y.; Bo, S.-H.; Kim, J. C.; Miara, L. J.; Ceder, G., Understanding Interface Stability in Solid-State Batteries. Nat. Rev. Mater. 2020, 5, 105–126.

(2) Manthiram, A.; Yu, X.; Wang, S., Lithium Battery Chemistries Enabled by Solid-State Electrolytes. Nat. Rev. Mater. 2017, 2, 16103.

(3) Kanehori, K.; Matsumoto, K.; Miyauchi, K.; Kudo, T., Thin Film Solid Electrolyte and Its Application to Secondary Lithium Cell. Solid State Ionics 1983, 9–10, 1445–1448.

(4) Bates, J. B.; Dudney, N. J.; Gruzalski, G. R.; Zuhr, R. A.; Choudhury, A.; Luck, C. F.; Robertson, J. D., Fabrication and Characterization of Amorphous Lithium Electrolyte Thin-Films and Rechargeable Thin-Film Batteries. J Power Sources 1993, 43, 103–110.

(5) Wang, B.; Bates, J. B.; Hart, F. X.; Sales, B. C.; Zuhr, R. A.; Robertson, J. D., Characterization of Thin-Film Rechargeable Lithium Batteries with Lithium Cobalt Oxide Cathodes. J. Electrochem. Soc. 1996, 143, 3203–3213.

(6) Raffaelle, R. P.; Harris, J. D.; Hehemann, D.; Scheiman, D.; Rybicki, G.; Hepp, A. F., A facile route to thin-film solid state lithium microelectronic batteries. J Power Sources 2000, 89, 52–55.

(7) Song, S. W.; Hong, S. J.; Park, H. Y.; Lim, Y. C.; Lee, K. C., Cycling-Driven Structural Changes in a Thin-Film Lithium Battery on Flexible Substrate. Electrochem. Solid State Lett. 2009, 12, A159–A162.

(8) Song, S.-W.; Choi, H.; Park, H. Y.; Park, G. B.; Lee, K. C.; Lee, H.-J., High Rate-Induced Structural Changes in Thin-Film Lithium Batteries on Flexible Substrate. J Power Sources 2010, 195, 8275–8279.

(9) Thangadurai, V.; Kaack, H.; Weppner, W. J., Novel Fast Lithium Ion Conduction in Garnet-Type $Li_5La_3M_2O_{12}$ (M = Nb, Ta). J. Am. Ceram. Soc. 2003, 86, 437–440.

(10) Murugan, R.; Thangadurai, V.; Weppner, W., Fast Lithium Ion Conduction in Garnet-Type $Li_7La_3Zr_2O_{12}$. Angew. Chem. Int. Ed. 2007, 46, 7778–7781.

(11) Awaka, J.; Kijima, N.; Hayakawa, H.; Akimoto, J., Synthesis and Structure Analysis of Tetragonal $Li_7La_3Zr_2O_{12}$ with The Garnet-related type Structure. J. Solid State Chem. 2009, 182, 2046–2052.

(12) Buschmann, H.; Dölle, J.; Berendts, S.; Kuhn, A.; Bottke, P.; Wilkening, M.; Heitjans, P.; Senyshyn, A.; Ehrenberg, H.; Lotnyk, A., Structure and Dynamics of the Fast Lithium ion Conductor "$Li_7La_3Zr_2O_{12}$". Phys. Chem. Chem. Phys. 2011, 13, 19378–19392.

(13) Bernuy-Lopez, C.; Manalastas Jr, W.; Lopez del Amo, J. M.; Aguadero, A.; Aguesse, F.; Kilner, J. A., Atmosphere Controlled Processing of Ga-substituted Garnets for High Li-ion Conductivity Ceramics. Chem. Mater. 2014, 26, 3610–3617.

(14) Li, Y.; Wang, Z.; Li, C.; Cao, Y.; Guo, X., Densification and Ionic-Conduction Improvement of Lithium Garnet Solid Electrolytes by Flowing Oxygen Sintering. J Power Sources 2014, 248, 642–646.

(15) Wang, D.; Zhong, G.; Pang, W. K.; Guo, Z.; Li, Y.; McDonald, M. J.; Fu, R.; Mi, J.-X.; Yang, Y., Toward Understanding the Lithium Transport Mechanism in Garnet-Type Solid Electrolytes: Li+ Ion Exchanges and Their Mobility at Octahedral/Tetrahedral Sites. Chem. Mater. 2015, 27, 6650–6659.

(16) Goodenough, J. B.; Hong, H. Y.-P.; Kafalas, J. A., Fast Na+-Ion Transport in Skeleton Structures. Mater. Res. Bull. 1976, 11, 203–220.

(17) Hong, H. Y.-P., Crystal Structures and Crystal Chemistry in the System $Na_{1+x}Zr_2Si_xP_{3-x}O_{12}$. Mater. Res. Bull. 1976, 11, 173–182.

(18) Lu, Y.; Li, L.; Zhang, Q.; Niu, Z.; Chen, J., Electrolyte and Interface Engineering for Solid-State Sodium Batteries. Joule 2018, 2, 1747–1770.

(19) Park, H.; Jung, K.; Nezafati, M.; Kim, C. S.; Kang, B., Sodium Ion Diffusion in NASICON ($Na_3Zr_2Si_2PO_{12}$) Solid Electrolytes: Effects of Excess Sodium. ACS Appl. Mater. Interfaces 2016, 8, 27814–27824.

(20) Song, S.; Duong, H. M.; Korsunsky, A. M.; Hu, N.; Lu, L., A Na+ Superionic Conductor for Room-Temperature Sodium Batteries. Sci. Rep. 2016, 6, 32330.

(21) Ma, Q.; Guin, M.; Naqash, S.; Tsai, C.-L.; Tietz, F.; Guillon, O., Scandium-Substituted $Na_3Zr_2(SiO_4)_2(PO_4)$ Prepared by a Solution-Assisted Solid-State Reaction Method as Sodium-Ion Conductors. Chem. Mater. 2016, 28, 4821–4828.

(22) Ihlefeld, J. F.; Gurniak, E.; Jones, B. H.; Wheeler, D. R.; Rodriguez, M. A.; McDaniel, A. H.; Dunn, B., Scaling Effects in Sodium Zirconium Silicate Phosphate ($Na_{1+x}Zr_2Si_xP_{3-x}O_{12}$) Ion-Conducting Thin Films. J. Am. Ceram. Soc. 2016, 99, 2729–2736.

(23) Zhang, Z.; Zhang, Q.; Shi, J.; Chu, Y. S.; Yu, X.; Xu, K.; Ge, M.; Yan, H.; Li, W.; Gu, L.; Hu, Y.-S.; Li, H.; Yang, X.-Q.; Chen, L.; Huang, X., A Self-Forming Composite Electrolyte for Solid-State Sodium Battery with Ultralong Cycle Life. Adv. Energy Mater. 2017, 7, 1601196.

(24) Zhu, Y.; Zhang, Y.; Lu, L., Influence of Crystallization Temperature on Ionic Conductivity of Lithium Aluminum Germanium Phosphate Glass-Ceramic. J Power Sources 2015, 290, 123–129.

(25) Thokchom, J. S.; Kumar, B., Composite Effect in Superionically Conducting Lithium Aluminium Germanium Phosphate Based Glass-Ceramic. J Power Sources 2008, 185, 480–485.

(26) Duan, J.; Wu, W.; Nolan, A. M.; Wang, T.; Wen, J.; Hu, C.; Mo, Y.; Luo, W.; Huang, Y., Lithium–Graphite Paste: an Interface Compatible Anode for Solid-State Batteries. Adv. Mater. 2019, 31, 1807243.

(27) Chung, H.; Kang, B., Mechanical and Thermal Failure Induced by Contact Between a $Li_{1.5}Al_{0.5}Ge_{1.5}(PO_4)_3$ Solid Electrolyte and Li Metal in an All Solid-State Li Cell. Chem. Mater. 2017, 29, 8611–8619.

(28) Lewis, J. A.; Cortes, F. J. Q.; Boebinger, M. G.; Tippens, J.; Marchese, T. S.; Kondekar, N.; Liu, X.; Chi, M.; McDowell, M. T., Interphase Morphology Between a Solid-State Electrolyte and Lithium Controls Cell Failure. ACS Energy Lett. 2019, 4, 591–599.

(29) Tippens, J.; Miers, J. C.; Afshar, A.; Lewis, J. A.; Cortes, F. J. Q.; Qiao, H.; Marchese, T. S.; Di Leo, C. V.; Saldana, C.; McDowell, M. T., Visualizing Chemomechanical Degradation of a Solid-State Battery Electrolyte. ACS Energy Lett. 2019, 4, 1475–1483.

(30) Goodenough, J. B.; Kim, Y., Challenges for Rechargeable Li Batteries. Chem. Mater. 2010, 22, 587–603.

(31) Xu, W.; Wang, J.; Ding, F.; Chen, X.; Nasybulin, E.; Zhang, Y.; Zhang, J.-G., Lithium Metal Anodes for Rechargeable Batteries. Energy Environ. Sci. 2014, 7, 513–537.

(32) Wenzel, S.; Leichtweiss, T.; Krüger, D.; Sann, J.; Janek, J., Interphase Formation on Lithium Solid Electrolytes—an in-situ Approach to Study Interfacial Reactions by Photoelectron Spectroscopy. Solid State Ionics 2015, 278, 98–105.

(33) Schwöbel, A.; Hausbrand, R.; Jaegermann, W., Interface Reactions Between LiPON and Lithium Studied by in-situ X-Ray Photoemission. Solid State Ionics 2015, 273, 51–54.

(34) Wenzel, S.; Sedlmaier, S. J.; Dietrich, C.; Zeier, W. G.; Janek, J., Interfacial Reactivity and Interphase Growth of Argyrodite Solid Electrolytes at Lithium Metal Electrodes. Solid State Ionics 2018, 318, 102–112.

(35) Han, F.; Zhu, Y.; He, X.; Mo, Y.; Wang, C., Electrochemical Stability of $Li_{10}GeP_2S_{12}$ and $Li_7La_3Zr_2O_{12}$ Solid Electrolytes. Adv. Energy Mater. 2016, 6, 1501590.

(36) Rettenwander, D.; Wagner, R.; Reyer, A.; Bonta, M.; Cheng, L.; Doeff, M. M.; Limbeck, A.; Wilkening, M.; Amthauer, G., Interface Instability of Fe-Stabilized $Li_7La_3Zr_2O_{12}$ Versus Li Metal. J. Phys. Chem. C 2018, 122, 3780–3785.

(37) Yang, K.-Y.; Leu, C.; Fung, K.-Z.; Hon, M.-H.; Hsu, M.-C.; Hsiao, Y.-J.; Wang, M.-C., Mechanism of the Interfacial Reaction Between Cation-Deficient $La_{0.56}Li_{0.33}TiO_3$ and Metallic Lithium at Room Temperature. J. Mater. Res. 2008, 23, 1813–1825.

(38) Zhu, J.; Zhao, J.; Xiang, Y.; Lin, M.; Wang, H.; Zheng, B.; He, H.; Wu, Q.; Huang, J. Y.; Yang, Y., Chemomechanical Failure Mechanism Study in Nasicon-Type $Li_{1.3}Al_{0.3}Ti_{1.7}(PO_4)_3$ Solid-State Lithium Batteries. Chem. Mater. 2020, 32, 4998–5008.

(39) Zhu, Y.; He, X.; Mo, Y., First Principles Study on Electrochemical and Chemical Stability of Solid Electrolyte–Electrode Interfaces in All-Solid-State Li-Ion Batteries. J. Mater. Chem. A 2016, 4, 3253–3266.

(40) Xiao, Y.; Wang, Y.; Bo, S.-H.; Kim, J. C.; Miara, L. J.; Ceder, G., Understanding Interface Stability in Solid-State Batteries. Nat. Rev. Mater. 2020, 5, 105–126.

(41) Wang, P.; Qu, W.; Song, W. L.; Chen, H.; Chen, R.; Fang, D., Electro–Chemo–Mechanical Issues at the Interfaces in Solid-State Lithium Metal Batteries. Adv. Funct. Mater. 2019, 29, 1900950.

(42) He, Y.; Ren, X.; Xu, Y.; Engelhard, M. H.; Li, X.; Xiao, J.; Liu, J.; Zhang, J.-G.; Xu, W.; Wang, C., Origin of Lithium Whisker Formation and Growth Under Stress. Nat. Nanotech. 2019, 14, 1042–1047.

(43) Monroe, C.; Newman, J., The Effect of Interfacial Deformation on Electrodeposition Kinetics. J. Electrochem. Soc. 2004, 151, A880.

(44) Monroe, C.; Newman, J., The Impact of Elastic Deformation on Deposition Kinetics at Lithium/Polymer Interfaces. J. Electrochem. Soc. 2005, 152, A396.

(45) Cho, Y.-H.; Wolfenstine, J.; Rangasamy, E.; Kim, H.; Choe, H.; Sakamoto, J., Mechanical Properties of The Solid Li-Ion Conducting Electrolyte: $Li_{0.33}La_{0.57}TiO_3$. J. Mater. Sci. 2012, 47, 5970–5977.

(46) Tsai, C.-L.; Roddatis, V.; Chandran, C. V.; Ma, Q.; Uhlenbruck, S.; Bram, M.; Heitjans, P.; Guillon, O., $Li_7La_3Zr_2O_{12}$ Interface Modification for Li Dendrite Prevention. ACS Appl. Mater. Interfaces 2016, 8, 10617–10626.

(47) Sharafi, A.; Meyer, H. M.; Nanda, J.; Wolfenstine, J.; Sakamoto, J., Characterizing the Li–$LiLa_3Zr_2O_{12}$ Interface Stability and Kinetics as a Function of Temperature and Current Density. J Power Sources 2016, 302, 135–139.

(48) Ahmad, Z.; Viswanathan, V., Stability of Electrodeposition at Solid-Solid Interfaces and Implications for Metal Anodes. Phys. Rev. Lett. 2017, 119, 056003.

(49) Shao, Y.; Wang, H.; Gong, Z.; Wang, D.; Zheng, B.; Zhu, J.; Lu, Y.; Hu, Y.-S.; Guo, X.; Li, H., Drawing a Soft Interface: an Effective Interfacial Modification Strategy for Garnet-Type Solid-State Li Batteries. ACS Energy Lett. 2018, 3, 1212–1218.

(50) Kasemchainan, J.; Zekoll, S.; Jolly, D. S.; Ning, Z.; Hartley, G. O.; Marrow, J.; Bruce, P. G., Critical Stripping Current Leads to Dendrite Formation on Plating in Lithium Anode Solid Electrolyte Cells. Nat. Mater. 2019, 18, 1105–1111.

(51) Koshikawa, H.; Matsuda, S.; Kamiya, K.; Miyayama, M.; Kubo, Y.; Uosaki, K.; Hashimoto, K.; Nakanishi, S., Dynamic Changes in Charge-Transfer Resistance at Li Metal/$Li_7La_3Zr_2O_{12}$ Interfaces During Electrochemical Li Dissolution/Deposition Cycles. J Power Sources 2018, 376, 147–151.

(52) Tong, Z.; Wang, S.-B.; Liao, Y.-K.; Hu, S.-F.; Liu, R.-S., Interface Between Solid-State Electrolytes and Li-Metal Anodes: Issues, Materials, and Processing Routes. ACS Appl. Mater. Interfaces 2020, 12, 47181–47196.

(53) Zhao, N.; Khokhar, W.; Bi, Z.; Shi, C.; Guo, X.; Fan, L.-Z.; Nan, C.-W., Solid Garnet Batteries. Joule 2019, 3, 1190–1199.

(54) Wu, J.-F.; Pu, B.-W.; Wang, D.; Shi, S.-Q.; Zhao, N.; Guo, X.; Guo, X., In-situ Formed Shields Enabling Li_2CO_3-Free Solid Electrolytes: a New Route to Uncover The Intrinsic Lithiophilicity of Garnet Electrolytes for Dendrite-Free Li-Metal Batteries. ACS Appl. Mater. Interfaces 2018, 11, 898–905.

(55) Han, F.; Westover, A. S.; Yue, J.; Fan, X.; Wang, F.; Chi, M.; Leonard, D. N.; Dudney, N. J.; Wang, H.; Wang, C., High Electronic Conductivity as the Origin of Lithium Dendrite Formation Within Solid Electrolytes. Nat. Energy 2019, 4, 187–196.

(56) Zheng, H.; Wu, S.; Tian, R.; Xu, Z.; Zhu, H.; Duan, H.; Liu, H., Intrinsic Lithiophilicity of Li–Garnet Electrolytes Enabling High-Rate Lithium Cycling. Adv. Funct. Mater. 2020, 30, 1906189.

(57) Yang, C.; Zhang, L.; Liu, B.; Xu, S.; Hamann, T.; McOwen, D.; Dai, J.; Luo, W.; Gong, Y.; Wachsman, E. D., Continuous Plating/Stripping Behavior of Solid-State Lithium Metal Anode in A 3D Ion-Conductive Framework. Proc. Natl. Acad. Sci. 2018, 115, 3770–3775.

(58) Yu, S.; Park, H.; Siegel, D. J., Thermodynamic Assessment of Coating Materials for Solid-State Li, Na, and K Batteries. ACS Appl. Mater. Interfaces 2019, 11, 36607–36615.

(59) Li, S.; Wang, H.; Cuthbert, J.; Liu, T.; Whitacre, J. F.; Matyjaszewski, K., A Semiliquid Lithium Metal Anode. Joule 2019, 3, 1637–1646.

(60) Yang, C.-P.; Yin, Y.-X.; Zhang, S.-F.; Li, N.-W.; Guo, Y.-G., Accommodating Lithium into 3D Current Collectors with a Submicron Skeleton Towards Long-Life Lithium Metal Anodes. Nat. Commun. 2015, 6, 1–9.

(61) Chi, S.-S.; Liu, Y.; Zhao, N.; Guo, X.; Nan, C.-W.; Fan, L.-Z., Solid Polymer Electrolyte Soft Interface Layer with 3D Lithium Anode for All-Solid-State Lithium Batteries. Energy Storage Mater. 2019, 17, 309–316.

(62) Li, S.-Y.; Wang, W.-P.; Xin, S.; Zhang, J.; Guo, Y.-G., A Facile Strategy to Reconcile 3D Anodes and Ceramic Electrolytes for Stable Solid-State Li Metal Batteries. Energy Storage Mater. 2020, 32, 458–464.

(63) Chen, Y.; Wang, Z.; Li, X.; Yao, X.; Wang, C.; Li, Y.; Xue, W.; Yu, D.; Kim, S. Y.; Yang, F., Li Metal Deposition and Stripping in a Solid-State Battery Via Coble Creep. Nature 2020, 578, 251–255.

(64) Wen, J.; Huang, Y.; Duan, J.; Wu, Y.; Luo, W.; Zhou, L.; Hu, C.; Huang, L.; Zheng, X.; Yang, W., Highly Adhesive Li-BN Nanosheet Composite Anode with Excellent Interfacial Compatibility for Solid-State Li Metal Batteries. ACS Nano 2019, 13, 14549–14556.

(65) Huang, Y.; Chen, B.; Duan, J.; Yang, F.; Wang, T.; Wang, Z.; Yang, W.; Hu, C.; Luo, W.; Huang, Y., Graphitic Carbon Nitride (G-C_3N_4): an Interface Enabler for Solid-State Lithium Metal Batteries. Angew. Chem. Int. Ed. 2020, 59, 3699–3704.

(66) Zhou, W.; Wang, S.; Li, Y.; Xin, S.; Manthiram, A.; Goodenough, J. B., Plating a Dendrite-Free Lithium Anode with a Polymer/Ceramic/Polymer Sandwich Electrolyte. J. Am. Chem. Soc. 2016, 138, 9385–9388.

(67) Wang, C.; Yang, Y.; Liu, X.; Zhong, H.; Xu, H.; Xu, Z.; Shao, H.; Ding, F., Suppression of Lithium Dendrite Formation by Using Lagp-Peo (LiTFSI) Composite Solid Electrolyte and Lithium Metal Anode Modified by PEO (LiTFSI) in All-Solid-State Lithium Batteries. ACS Appl. Mater. Interfaces 2017, 9, 13694–13702.

(68) Yu, Q.; Han, D.; Lu, Q.; He, Y.-B.; Li, S.; Liu, Q.; Han, C.; Kang, F.; Li, B., Constructing Effective Interfaces for $Li_{1.5}Al_{0.5}Ge_{1.5}(PO_4)_3$ Pellets to Achieve Room-Temperature Hybrid Solid-State Lithium Metal Batteries. ACS Appl. Mater. Interfaces 2019, 11, 9911–9918.

(69) Chen, Y.; He, M.; Zhao, N.; Fu, J.; Huo, H.; Zhang, T.; Li, Y.; Xu, F.; Guo, X., Nanocomposite Intermediate Layers Formed by Conversion Reaction of SnO_2 for Li/Garnet/Li Cycle Stability. J Power Sources 2019, 420, 15–21.

(70) Jadhav, H. S.; Kalubarme, R. S.; Jadhav, A. H.; Seo, J. G., Highly Stable Bilayer of LiPON and B_2O_3 Added $Li_{1.5}Al_{0.5}Ge_{1.5}(PO_4)_3$ Solid Electrolytes for Non-Aqueous Rechargeable Li-O_2 Batteries. Electrochimi. Acta 2016, 199, 126–132.

(71) Wang, C.; Bai, G.; Yang, Y.; Liu, X.; Shao, H., Dendrite-Free All-Solid-State Lithium Batteries with Lithium Phosphorous Oxynitride-Modified Lithium Metal Anode and Composite Solid Electrolytes. Nano Res. 2019, 12, 217–223.

(72) Tian, H.-K.; Xu, B.; Qi, Y., Computational Study of Lithium Nucleation Tendency in $Li_7La_3Zr_2O_{12}$(LLZO) and Rational Design of Interlayer Materials to Prevent Lithium Dendrites. J Power Sources 2018, 392, 79–86.

(73) Xu, H.; Li, Y.; Zhou, A.; Wu, N.; Xin, S.; Li, Z.; Goodenough, J. B., Li_3N-Modified Garnet Electrolyte for All-Solid-State Lithium Metal Batteries Operated at 40 C. Nano Lett. 2018, 18, 7414–7418.

(74) Hou, G.; Ma, X.; Sun, Q.; Ai, Q.; Xu, X.; Chen, L.; Li, D.; Chen, J.; Zhong, H.; Li, Y., Lithium Dendrite Suppression and Enhanced Interfacial Compatibility Enabled by An Ex Situ Sei On Li Anode for LAGP-Based All-Solid-State Batteries. ACS Appl. Mater. Interfaces 2018, 10, 18610–18618.

(75) Dirican, M.; Yan, C.; Zhu, P.; Zhang, X., Composite Solid Electrolytes for All-Solid-State Lithium Batteries. Mater. Sci. Eng.: R: Rep. 2019, 136, 27–46.

(76) Li, Y.; Ding, F.; Xu, Z.; Sang, L.; Ren, L.; Ni, W.; Liu, X., Ambient Temperature Solid-State Li-Battery Based on High-Salt-Concentrated Solid Polymeric Electrolyte. J Power Sources 2018, 397, 95–101.

(77) Croce, F.; Appetecchi, G.; Persi, L.; Scrosati, B., Nanocomposite Polymer Electrolytes for Lithium Batteries. Nature 1998, 394, 456–458.

(78) Zhang, H.; Chen, F.; Lakuntza, O.; Oteo, U.; Qiao, L.; Martinez-Ibañez, M.; Zhu, H.; Carrasco, J.; Forsyth, M.; Armand, M., Suppressed Mobility of Negative Charges in Polymer Electrolytes with an Ether-Functionalized Anion. Angew. Chem. Int. Ed. 2019, 131, 12198–12203.

(79) Zhou, Y.; Zhang, F.; He, P.; Zhang, Y.; Sun, Y.; Xu, J.; Hu, J.; Zhang, H.; Wu, X., Quasi-Solid-State Polymer Plastic Crystal Electrolyte for Subzero Lithium-Ion Batteries. J. Energy Chem. 2020, 46, 87–93.

(80) Wang, C.; Adair, K. R.; Liang, J.; Li, X.; Sun, Y.; Li, X.; Wang, J.; Sun, Q.; Zhao, F.; Lin, X., Solid-State Plastic Crystal Electrolytes: Effective Protection Interlayers for Sulfide-Based All-Solid-State Lithium Metal Batteries. Adv. Funct. Mater. 2019, 29, 1900392.

(81) Liu, Q.; Yu, Q.; Li, S.; Wang, S.; Zhang, L.; Cai, B.; Zhou, D.; Li, B., Safe LAGP-Based All Solid-State Li Metal Batteries with Plastic Super-Conductive Interlayer Enabled by in-situ Solidification. Energy Storage Mater. 2020, 25, 613–620.

(82) Zhang, X.; Wang, S.; Xue, C.; Xin, C.; Lin, Y.; Shen, Y.; Li, L.; Nan, C. W., Self-Suppression of Lithium Dendrite in All-Solid-State Lithium Metal Batteries with Poly (Vinylidene Difluoride)-Based Solid Electrolytes. Adv. Mater. 2019, 31, 1806082.

(83) Liu, B.; Gong, Y.; Fu, K.; Han, X.; Yao, Y.; Pastel, G.; Yang, C.; Xie, H.; Wachsman, E. D.; Hu, L., Garnet Solid Electrolyte Protected Li-Metal Batteries. ACS Appl. Mater. Interfaces 2017, 9, 18809–18815.

(84) He, L.; Sun, Q.; Chen, C.; Oh, J. A. S.; Sun, J.; Li, M.; Tu, W.; Zhou, H.; Zeng, K.; Lu, L., Failure Mechanism and Interface Engineering for Nasicon-Structured All-Solid-State Lithium Metal Batteries. ACS Appl. Mater. Interfaces 2019, 11, 20895–20904

2 薄膜型固態電解質

2-1 摘要

電子產品已然於日常生活中扮演極重要之角色。現今各式無線穿戴裝置之使用量遽增，穩定電能源供應之儲能系統為次世代無線穿戴裝置之發展重點。其中全固態薄膜電池因其高能量密度與高循環穩定性之優勢廣受學術界與產業界之關注。

本章重點介紹薄膜型全固態鋰離子電池之製作，其中將以射頻磁控濺鍍技術依序將陰極材料鈷酸鋰 (lithium cobalt oxide, $LiCoO_2$) 與固態電解質鋰磷氧氮化物 (lithium phosphorous oxynitride, LiPON) 沉積於負載白金集流體之矽基板或雲母基板表面。再以熱蒸鍍技術沉積鋰金屬陽極薄膜於固態電解質上，以完成電池組裝。

本章經由優化濺鍍環境 (濺鍍功率、工作壓力與氣體比例流速) 與熱處理條件 (退火溫度與退火時間) 以求固態電池之最佳電化學特性。本章以 X 光繞射儀 (X-ray diffraction, XRD) 鑑定樣品之晶相與其結晶度；以掃描式電子顯微鏡 (scanning electron microscope, SEM) 觀測樣品表面形貌與其鍍率；以 X 光電子能譜 (X-ray photoelectron spectroscopy, XPS) 與 X 光吸收光譜 (X-ray absorption spectroscopy, XAS) 分別量測樣品之配位環境與其氧化價態；以交流阻抗測試計算電解質之離子電導率；以充放電儀研究電極材料之電容量與循環穩定性。

爲進一步提升電池之庫倫效率，本章於鋰磷氧氮化物電解質與鋰金屬陽極界面蒸鍍碘化鋰作爲人工固態電解質相間薄膜 (solid electrolyte interphase, SEI)。綜合觀察後發現蒸鍍 5 nm 之碘化鋰於鋰磷氧氮化物與鋰金屬界面使首週庫倫效率自 72% 提升至 82%。

2-2 實驗步驟與儀器原理

2-2-1 基材製備

本章所使用之基材爲矽晶片與雲母片 (mica)，矽晶片以濕式熱氧化方式生長厚度爲 1500 Å 之二氧化矽 (SiO_2) 爲擴散阻絕層。再以電子槍蒸鍍系統 (E-Gun system) 於矽晶片或雲母片表面分別沉積鈦金屬 (Ti) 緩衝層 (buffer layer) 與鉑金屬爲電流收集器集流體再加熱至 400°C 進行熱退火 30 分鐘，如圖 2-1 所示。緩衝層用於提升基材與集流體間之附著力，避免鉑金屬於矽晶片上剝落。集流體用於使電流均勻分佈。進行鍍膜材料製備前，爲避免基材上殘留之油漬或灰塵造成材料剝離，必須進行系列清洗基材之步驟，如圖 2-2 所示。

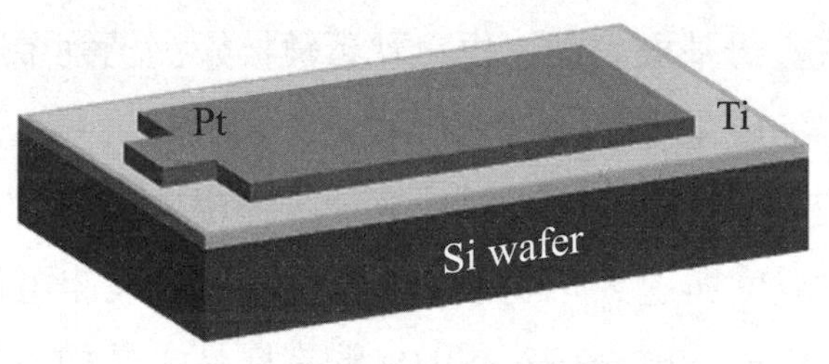

▲ 圖 2-1　基材結構圖

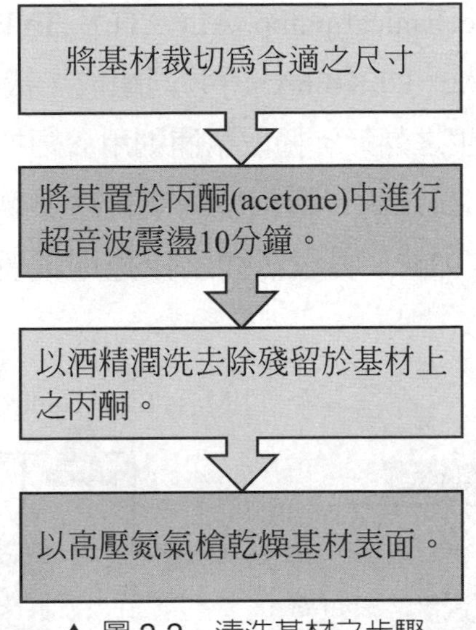

將基材裁切爲合適之尺寸
將其置於丙酮(acetone)中進行超音波震盪10分鐘。
以酒精潤洗去除殘留於基材上之丙酮。
以高壓氮氣槍乾燥基材表面。

▲ 圖 2-2 清洗基材之步驟

2-2-2 濺鍍機台

本節所使用之靶材 (target) 購於台灣格雷蒙偉斯企業 (Gredmann Taiwan Ltd.)，其直徑爲兩英吋且其厚度爲 3 毫米。靶材以銦膠黏附於銅背板 (backing plate) 提升其導電性。靶材以螺絲鎖上扣片 (keeper) 即可裝載於濺鍍槍上。濺鍍製膜前於靶材背面均勻塗抹散熱膏，避免其因施加濺鍍功率升降速率過高，或於濺鍍過程中受電漿加熱造成破裂。

本章所使用之射頻磁與直流磁控濺鍍機台爲高敦科技股份有限公司 (Kao Duen Technology Corporation) 所製，其結構簡易示意圖如圖 2-3 所示。機台內具三支直徑爲兩英吋之濺鍍槍，且內部具環型磁鐵用於提升濺鍍效率，爲避免於濺鍍過程中受電漿加熱造成消磁，必須另搭載冷卻水系統 (cooling system) 進行冷凝並保持溫度爲 25°C。射頻產生器爲 HÜTTINGER Elektronik PFG 300RF，其頻率爲 13.56 MHz，爲調整濺鍍機台內部之阻抗須另搭載匹配電路箱 (matching network) 以降低反射功率，直流供應器則爲 ADVANCED ENERGY® MDX 500。真空抽氣系統

則由機械式幫浦 (mechanical pump, ALCATEL, TYPE 2033) 與擴散幫浦 (diffusion pump, ULVAC, ULK-06A) 所共同組成，機械幫浦主要用於粗抽與抽去擴散幫浦所產生之熱氣，擴散幫浦則用於細抽使眞空度達濺鍍條件之背景壓力值 (base pressure)。眞空偵測系統爲熱離子眞空計 (ion gauge, TERRANOVA, Model 934)。製程氣體之流速則以質流控制器 (mass flow controller) 進行調控。

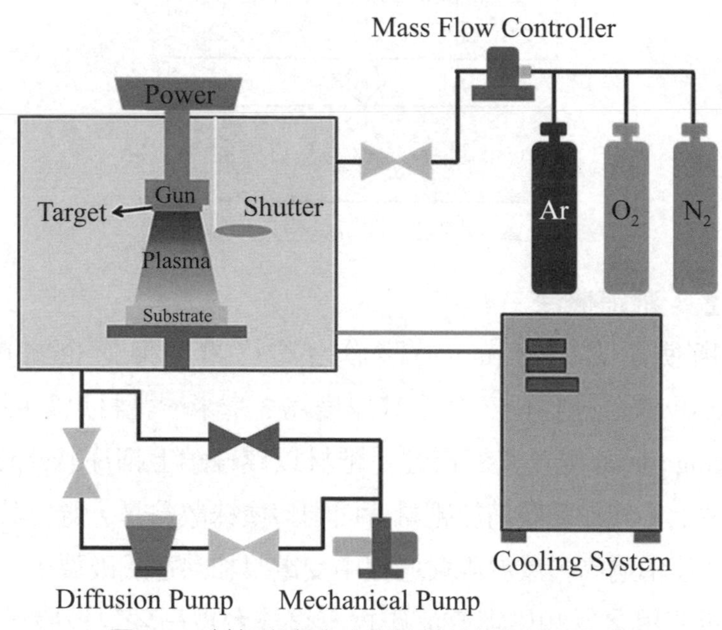

▲ 圖 2-3　射頻磁與直流磁控濺鍍機台簡易示意圖

電漿 (plasma) 爲由帶負電荷之電子、帶正電荷之離子、中性分子與中性原子所構成部分游離之電中性氣體 (partially ionized gas)。電漿爲不同於固、液與氣三態之第四態。其生成原理爲自由電子受外加之高壓電場加速，使其與周圍之氣體分子進行非彈性碰撞，藉其所具之動能傳遞至原子或氣體分子使其產生離子化 (ionization)、解離 (dissociation) 或激發 (excitation)，然離子化所形成之電子持續再進行碰撞與離子化之連鎖反應形成電漿。受激發至激發態 (excited state) 之氣體分子或原子，將以放光

型式釋放能量弛豫 (relaxation) 至基態 (ground state)，即爲輝光放電 (glow discharge)。電漿中之反應如公式 (2-1) 至 (2-4) 所示：

離子化 (ionization)：$e^- + X_2 \rightarrow X_2^+ + 2e^-$ (2-1)

解離 (dissociation)：$e^- + X_2 \rightarrow 2X + e^-$ (2-2)

激發 (excitation)：$e^- + X \rightarrow X^* + e^-$ (2-3)

弛豫 (relaxation)：$X^* \rightarrow X + h\nu$ (2-4)

濺鍍沉積爲物理氣相沉積 (physical vapor deposition, PVD)，將濺鍍氣體 (working gas) 通入至眞空環境中，於陰極靶材與陽極基材間施以高壓電場形成電漿。帶正電荷之離子受靶材之負電壓吸引對其造成加速離子轟擊 (ion bombardment)，致使靶材表面之分子或原子因獲得能量而被撞擊出形成濺射，並沉積至基材表面形成濺鍍薄膜。濺鍍依電源不同分爲兩類：直流 (direct current) 濺鍍與射頻 (radio frequency) 濺鍍，若添加磁場則稱之爲磁控濺鍍，然通入反應性氣體則稱之爲反應式濺鍍。

直流濺鍍乃爲最早應用之濺鍍法，其電源爲直流電，並於腔體內通入惰性氣體，並藉高壓電場使其游離爲電漿態。正離子受電場影響往靶材進行轟擊，使表面材料脫離並沉積至基材上形成薄膜。然若其應用之靶材爲半導體或絕緣體，則將因導電性不佳不利於濺鍍，甚至易造成電荷累積使靶材表面破損。故射頻濺鍍之發展即可改善上述之問題。射頻濺鍍以交流電爲電源並於靶材與基材間施加高壓電場，藉由頻率調控切換靶材之正負電壓，使其表面於濺鍍過程中累積之正電荷將受電子中和。導電性差之靶材將以射頻濺鍍進行薄膜濺鍍。

直流或射頻濺鍍之電漿中帶電荷粒子，皆以垂直靶材表面之電場方向進行移動，此種氣體分子或原子之游離率 (ionization rate) 較低，故電子濃度相較氣體濃度之比例低，使電漿中用於轟擊靶材之正電荷離子生成較少，致使其濺鍍效率較差。故於濺鍍腔內裝載環形磁鐵使電子受方向相互垂直之電場與磁場之交互作用沿平行靶材表面之周圍進行螺旋路徑之運動，以提升電子與氣體分子或原子間之碰撞機率。然此方式靠近磁極之電子使電漿濃度降低，故靶材將於濺鍍過程產生環形凹痕使其靶材應用率較差。

反應式濺鍍以濺鍍過程中通入反應型氣體，如氮氣、氧氣等，使靶材粒子於靶材表面、基材表面或電漿中進行碰撞，使其反應所需之化合物進行薄膜沉積。此方法之優點爲其可藉不同比例之氣體壓力與流速調控薄膜之化學劑量比例。其缺點則爲靶材表面易受反應形成化合物導致濺鍍效率降低。

2-2-3 快速熱退火爐 (Rapid Thermal Annealing, RTA)

本節所使用之快速熱退火爐爲優貝克科技股份有限公司 (Ulvac) 所生產，型號爲 MILA-5000。其以紅外線燈管 (infrared lamp) 爲加熱源，最高升溫速率爲 50°C/sec，最高持溫溫度爲 1200°C。其以白金熱電偶 (thermal couple) 作溫度偵測器，石英玻璃爲樣品載台，退火爐內壁鍍上一層金作爲反射鏡，將紅外線燈管釋放之輻射聚焦於樣品上，其機台如圖 2-4 所示。相較於傳統退火，此快速熱退火將可進行極快速升降溫，故將快速提升材料之結晶性與其晶格之缺陷，大幅縮短製程之時間與退火品質。

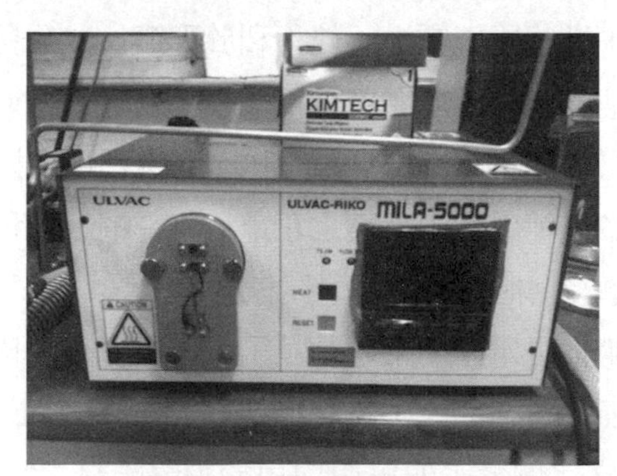

▲ 圖 2-4 快速升溫退火爐機台

2-2-4 $LiCoO_2$ 陰極薄膜之製備

陰極薄膜以 $LiCoO_2$ 作爲靶材，於 Ar 與 O_2 氣氛下藉射頻磁控濺鍍法進行沉積，其步驟如下所式：

1. 將靶材置於濺鍍槍上，基材置於基板上，靶材至基材固定爲 5 公分間距。
2. 關閉腔體之艙門，以機械幫浦進行粗抽至眞空度爲 5.5×10^{-2} Torr。
3. 以擴散幫浦進一步細抽至眞空度爲 2.0×10^{-5} Torr，開啓熱離子眞空計進行除氣 (degas) 歸零使其準確偵測眞空度，並以擴散幫浦進行細抽直至眞空度爲濺鍍之背景壓力值 4.0×10^{-6} Torr。
4. 設定沉積參數：濺鍍功率、工作壓力、氣體總流量、Ar/O_2 氣體流量比例、基板轉動速率等，如表 2-1 所示。於此開啓閥門通入濺鍍氣體 10 分鐘待其穩定於工作壓力後，爲防止靶材於功率急遽改變下而破裂毀損，以每 5 W 之間距緩緩增加至濺鍍功率，方可開始進行預鍍。
5. 打開遮板 (shutter) 開始進行濺鍍沉積。
6. 關閉遮板，以每 5 W 之間距緩降低濺鍍功率，關閉閥門停止濺鍍氣體後，進行破眞空再開啓濺鍍腔體之艙門取出樣品。
7. 將初鍍非晶相之樣品進行快速熱退火，使其結晶性提升且修補晶格結構之缺陷，其參數如表 2-2 所示。

▼ 表 2-1 $LiCoO_2$ 薄膜沉積參數

濺鍍參數	設定值
背景壓力	4×10^{-6} Torr
濺鍍功率	120 W
工作壓力	25, 20, 15, 10 mTorr
氣體總流量	20 sccm

▼ 表 2-1　$LiCoO_2$ 薄膜沉積參數（續）

濺鍍參數	設定值
Ar/O_2 氣體流量比例	20/0, 16/4, 12/8, 8/12, 4/16 sccm
基板轉動速率	8 rpm
預鍍時間	15 min
沉積時間	5 h

▼ 表 2-2　$LiCoO_2$ 薄膜快速熱退火參數

升溫速率	～4°C/sec
溫度	300, 400, 520°C
持溫時間	15, 20, 25, 30 min

2-2-5　LiPON 固態電解質薄膜之製備

固態電解質薄膜 LiPON 以 Li_3PO_4 為靶材，並於 N_2 氣氛下藉射頻磁控進行反應濺鍍法沉積，其步驟類似於 $LiCoO_2$ 薄膜。LiPON 薄膜經濺鍍後爲非晶相，此將使鋰離子於其中擴散時不須跨越晶格，亦使其與陰陽極界面接觸極佳。故無需熱退火使其形成晶相，其沉積參數如表 2-3 所示。

▼ 表 2-3　LiPON 薄膜沉積參數

濺鍍參數	設定值
背景壓力	4×10^{-6} Torr
濺鍍功率	55, 65, 75, 85 W
工作壓力	13, 11, 9, 7, 5 mTorr
氣體流量	20 sccm
基板轉動速率	8 rpm
預鍍時間	30 min
沉積時間	10 h

2-2-6 熱蒸鍍機台 (Thermal evaporator)

本節之實驗以熱蒸鍍機台製備陽極鋰金屬薄膜，其眞空抽氣系統亦藉機械式幫浦 (mechanical pump) 與渦輪幫浦 (turbo pump) 分別進行粗抽與細抽。眞空偵測系統為冷陰極眞空計 (cold cathode gauge)。石英振盪器用以監測膜厚。熱蒸鍍機台之結構簡易示意圖如圖 2-5 所示，其鍍膜原理乃待眞空抽氣系統將腔體壓力降低至高眞空度後，藉高電流經鎢舟加熱欲蒸鍍之材料，當溫度上升至材料之沸點形成其氣態之原子或分子，進而擴散至基材表面沉積形成薄膜。

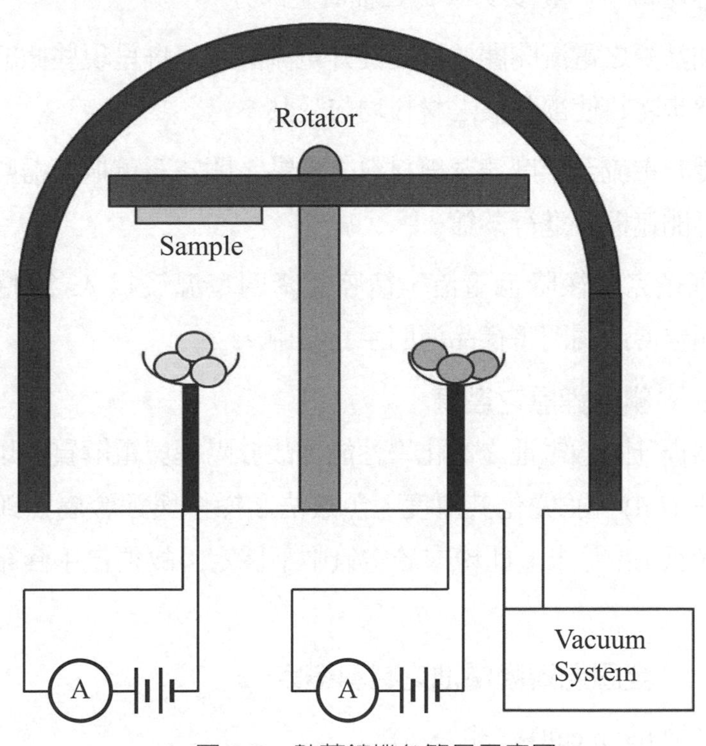

▲ 圖 2-5 熱蒸鍍機台簡易示意圖

2-2-7 鋰金屬陽極薄膜之製備

1. 將鎢舟裝載於加熱源上，關閉蒸鍍腔體之艙門。以機械幫浦進行粗抽至真空度為 4 ～ 6 × 10^{-2} Torr，再以渦輪幫浦進行細抽至真空度為 2 ～ 4 × 10^{-6} Torr。
2. 以 Ar 氣體進行破真空而腔體內須維持於 Ar 氣氛下，開啓傳遞閥門由手套箱將鋰金屬置於鎢舟中，再將黏貼基材之基板裝載入蒸鍍腔體內。
3. 關閉傳遞閥門，重複步驟 1. 之抽真空部分。
4. 開啓加熱源之電流開關並緩慢提升電流直至鎢舟呈現些微紅色進行預融，此步驟將使欲蒸鍍之材料均勻受熱。
5. 持續提升電流至溫度達蒸鍍材料之沸點，開啓石英振盪器監測鍍膜厚度，打開遮板後進行蒸鍍。
6. 薄膜沉積完畢後降低電流，待腔體降回室溫後以 Ar 氣體進行破真空，開啓傳遞閥門將樣品運回手套箱中。

2-2-8 碘化鋰層之製備

本章為提升固態電池之電化學性能，故於陽極與電解質間以熱蒸鍍法蒸鍍碘化鋰 (LiI)，並優化其厚度。蒸鍍法之操作與鋰金屬蒸鍍相似，僅改變蒸鍍源為 LiI 粉末。此粉末於空氣中不穩定，故須自手套箱經傳遞閥門運送。

2-2-9 全固態薄膜電池之材料鑑定

1. 鈕扣電池 (coin cell) 之組裝

　　圖 2-6 與圖 2-7 分別為鈕扣電池結構之俯視圖與左視圖。本節將 $LiCoO_2$ 薄膜沉積於鈕扣電池 (coin cell) 之墊片，完成組裝後進行其電化學測試。鈕扣電池之組裝程序乃裁切適當面積之鋰金屬薄片，將其

以鑷子取下置於電池下蓋中，並依序放上浸泡過電解液潤濕之隔離膜 (separator)、負載 $LiCoO_2$ 薄膜之墊片與彈簧片 (spring)，蓋上電池上蓋後以鉚合機完成封裝鈕扣電池。

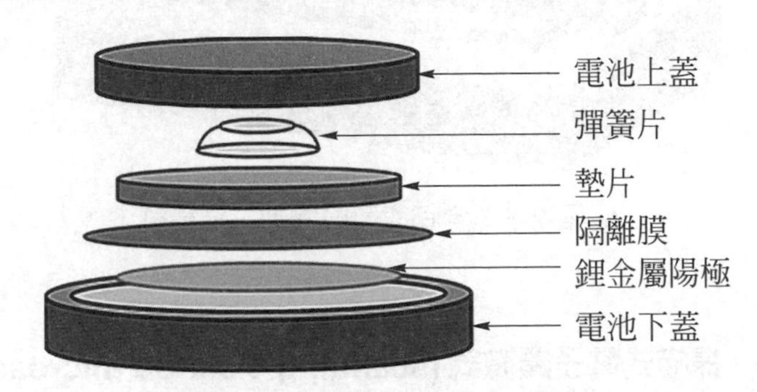

▲ 圖 2-6 鈕扣電池結構之俯視圖

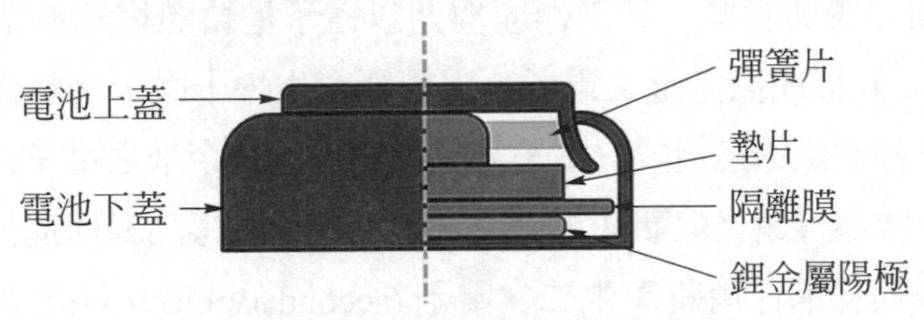

▲ 圖 2-7 鈕扣電池結構之左視圖

2. 全固態薄膜電池之組裝

將負載鉑金屬電極之矽晶片基材以便利貼 (tape) 作遮罩 (mask) 定義陰極薄膜之濺鍍面積，藉射頻磁控濺鍍技術製備 $LiCoO_2$ 薄膜。完成沉積後撕去便利貼並藉快速熱退火使其結晶。進而再以便利貼定義固態電解質薄膜之濺鍍面積，藉射頻磁控反應濺鍍技術製備 LiPON 薄膜。完成沉積後去除便利貼並重新定義陽極薄膜之濺鍍面積。爲防止陰陽極薄膜因相互接觸形成短路，此陽極薄膜之面積須小於固態電解質薄膜。藉熱蒸鍍技術製備鋰金屬薄膜後，藉直流磁控濺鍍技術製備鉑金屬集流體。除去便利貼後藉快速熱退火降低薄膜界面間之阻抗，完成全固態薄膜電池，如圖 2-8 所示。

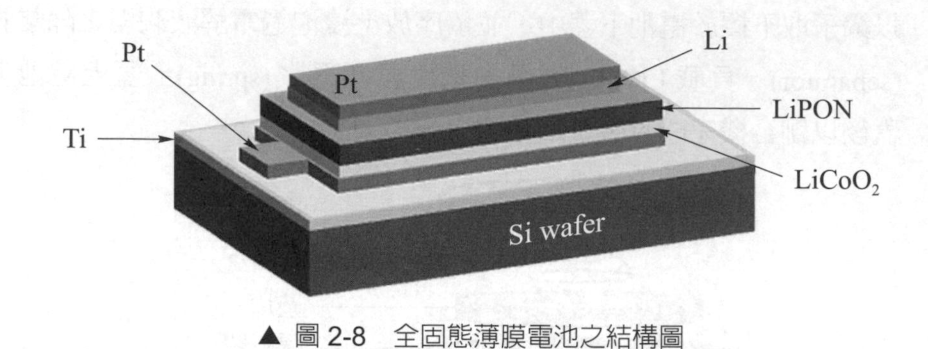

▲ 圖 2-8 全固態薄膜電池之結構圖

2-2-10 掃描式電子顯微鏡 (scanning electron microscope, SEM)

掃描式電子顯微鏡廣泛用於材料形貌之觀察。本研究使用其觀察薄膜材料之表面形貌與膜厚。其工作原理乃以電子槍藉熱燈絲游離或場發射 (field emission) 形成高能量之電子，經柵極產生幾十微米之點光源，於高電壓加速下經電磁透鏡組成之電子光學系統，將幾奈米之電子束聚焦於樣品上，並以末端透鏡之線圈使電子束產生偏折，於樣品表面進行平面之掃瞄。電子束與樣品作用將產生二次電子 (secondary electron)、背向散射電子 (back-scattering electron)、吸收電子 (absorbed electron)、歐傑電子 (Auger electron)、特徵 X 光等。掃描式電子顯微鏡主要針對二次電子與背向散射電子進行探測，並經訊號放大器後產生樣品形貌之影像。亦可藉能量分散光譜儀 (Energy Dispersive Spectroscopy, EDS) 針對特徵 X 光進行偵測得知樣品元素之成分，其示意圖如圖 2-9 所示。

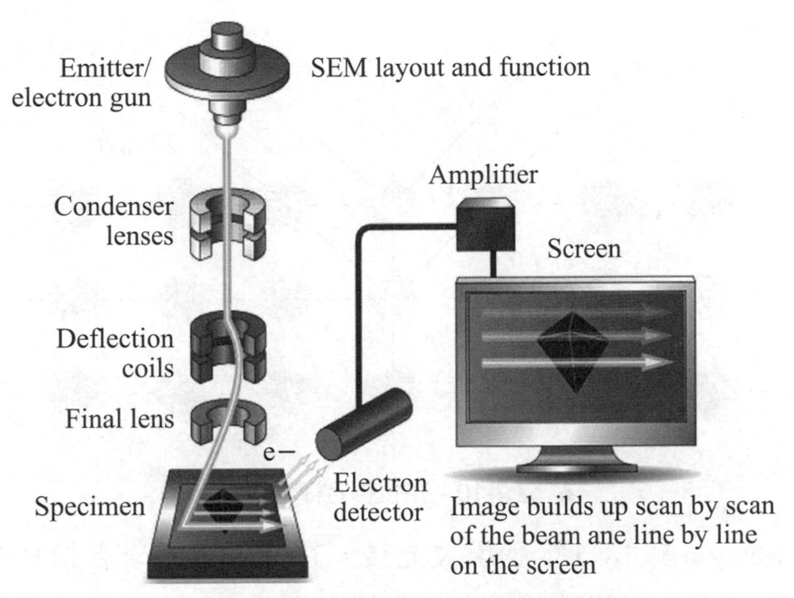

▲ 圖 2-9 SEM 儀器結構示意圖 [1]

2-2-11 X 光繞射儀 (X-ray diffraction, XRD)

1913 年由英國物理學家 Bragg 父子提出爾後晶體繞射基礎之布拉格定律 (Bragg's law)，如公式 (2-5) 所示：

$$2d\sin\theta = n\lambda \tag{2-5}$$

公式 (2-5) 中 d 爲兩晶面間之晶格間距，λ 爲 X 光波長，n 爲任意整數，θ 爲入射光與晶面之夾角。如圖 2-10 所示，同方向入射光射入排列整齊之晶體，且晶體距離 d 產生紫色虛線段之 $2d\sin\theta$ 之相位差，並產生繞射圖譜。此值若爲輻射波長之倍數，乃得建設性干涉，並產生高強度之繞射圖譜，此稱布拉格尖峰 (Bragg peak)。

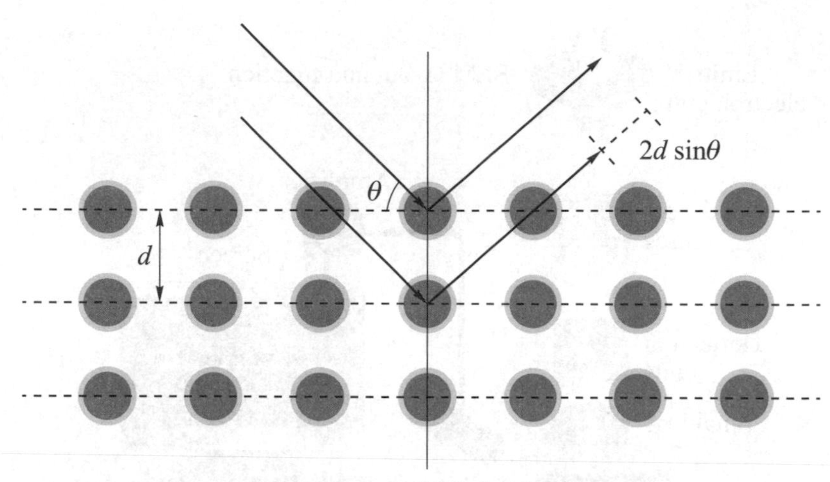

▲ 圖 2-10　布拉格定律示意圖

自 Röntgen 於 1895 年發現 X 光後，其即成爲醫學影像與科學之重要研究工具，本節所選用之 X 光繞射儀爲 Bruker 公司之 D2 Phaser Diffractometer，其由 X 光管、樣品架與 X 光探測器所組成，如圖 2-11 所示。電子於陰極光管中以燈絲加熱，施加電壓使電子加速至足夠速度並藉電子轟擊標靶材料，使其於陰極光管中產生 X 光。當電子具足夠能量並足以去除標靶材料內層電子時，即形成特徵 X 光圖譜。常見光譜由 K_α 與 K_β 組成，K_α 又可細分爲 $K_{\alpha1}$ 與 $K_{\alpha2}$，$K_{\alpha1}$ 較 $K_{\alpha2}$ 具較短波長與雙倍強度。特徵波長爲特殊標靶材料 (銅、鐵、鉬與鉻) 之特徵，爲產生繞射所須之單波長 X 光，須經由晶體單色器進行濾波。銅爲單晶繞射中最常見之標靶材料，其 K_α 輻射波長爲 1.5418 埃。X 光以直線引導至樣品上，當樣品與檢測器旋轉時，記錄其反射之 X 光強度。所得樣品之 XRD 圖譜與標準物質圖譜 JCPDS (Joint Committee on Powder Diffraction Standards) 進行比對，兩者吻合程度乃反應該樣品之晶相純度。X 光繞射圖譜以 X 光於直線前進，並使樣品以角度 θ 旋轉，安裝於左右兩臂之 X 光探測器以 2θ 收集繞射數據。

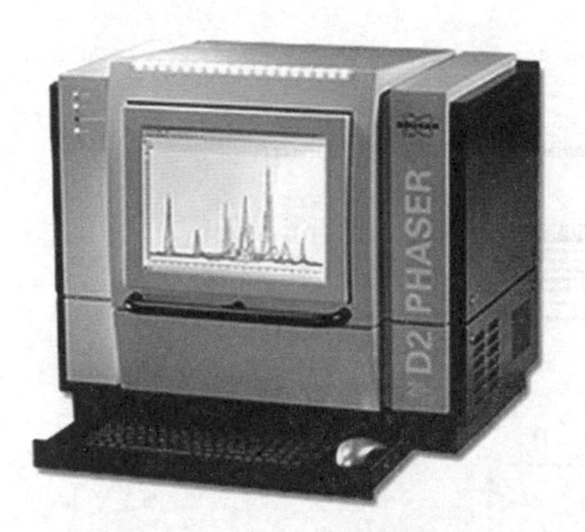

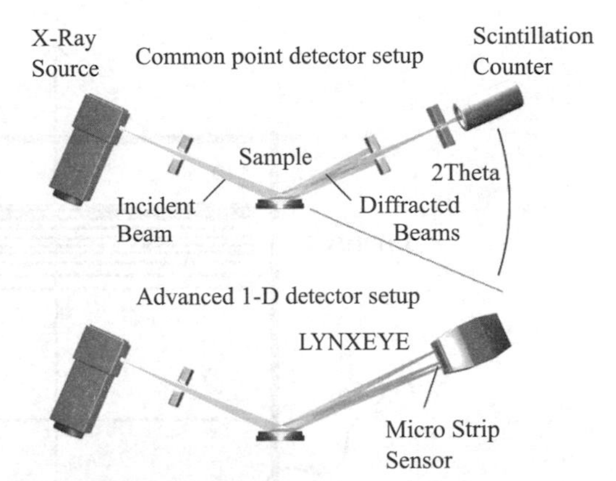

▲ 圖 2-11 X 光繞射儀外觀與內部結構 (2)

2-2-12 X 光光電子能譜儀 (X-ray photoelectron spectroscopy, XPS)

X 光光電子能譜儀廣泛應用於材料表面之化學組成分析，本章以其觀察 LiPON 固態電解質薄膜其氮原子之配位環境。其工作原理爲 X 光照射於材料表面時，若其能量較材料表面之核內層軌域 (core level) 電子之束縛能 (binding energy, E_b) 高時，此電子將游離成自由電子或稱之爲光電子 (photoelectron)，並根據能量守恆定律光電子之動能 (kinetic energy, E_k) 須遵守公式 (2-6)：

$$E_k = hv - E_b - \Phi \tag{2-6}$$

其 h 爲普朗克常數，v 爲 X 光之頻率，而 Φ 爲電子脫離材料表面位能束縛之功函數 (work function)，如圖 2-12 所示。

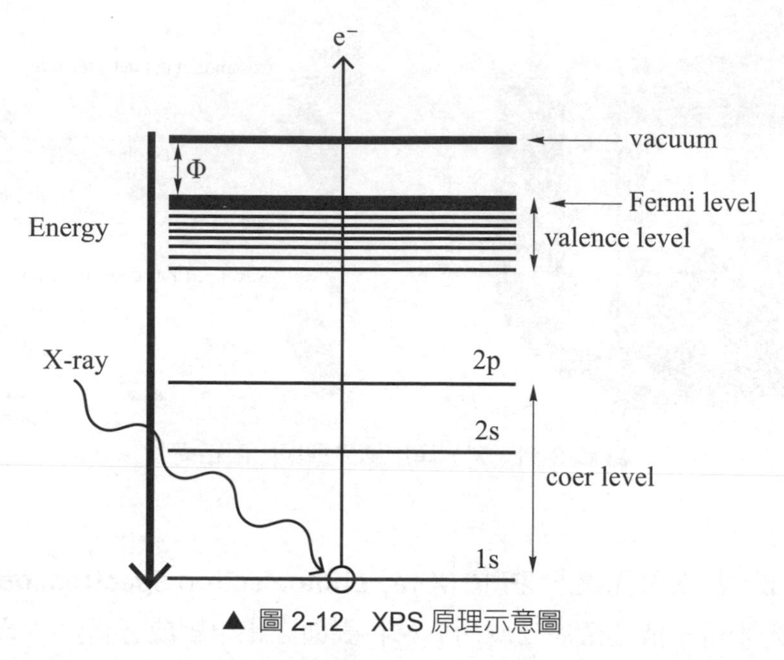

▲ 圖 2-12 XPS 原理示意圖

材料中不同元素之核內層軌域電子具特定之束縛能，故可藉被游離而具不同動能之光電子進行鑑定成分，故 X 光光電子能譜儀亦稱爲電子能譜化學分析儀 (electron spectroscopy for chemical analysis, ESCA)。材料中不同化學結構之相同元素，其核內層軌域電子之束縛能亦不同，此現象乃稱爲化學位移 (chemical shift)，故藉分析材料束縛能變化即可鑑定其電子結構與化學鍵。

2-2-13 X 光吸收光譜 (X-ray Absorption Spectroscopy, XAS)

本研究藉國家同步輻射研究中心 (National Synchrotron Radiation Research Center, NSRRC) 之光源對材料進行 X 光吸收光譜之研究，X 光吸收光譜主要包含 X 光吸收光譜之邊緣前 (pre-edge)、近邊緣結構 (X-ray absorption near-edge structure, XANES) 與延伸區精細結構 (extended X-ray absorption fine structure, EXAFS) 部分。

材料對 X 光之吸收係數隨其能量增強而降低，亦即能量越強之 X 光穿透材料之能力越強。當入射 X 光之能量掃描至恰使游離材料其特定元素之內層電子形成光電子 (photoelectron, photon)，使材料之吸收係數瞬間劇增乃稱此能量爲吸收邊緣。不同能量之吸收邊緣根據被游離釋放之光電子原先所佔據之軌域分別定義爲 K、L_1、L_2、L_3、M_1、M_2 等，如圖 2-13 所示。

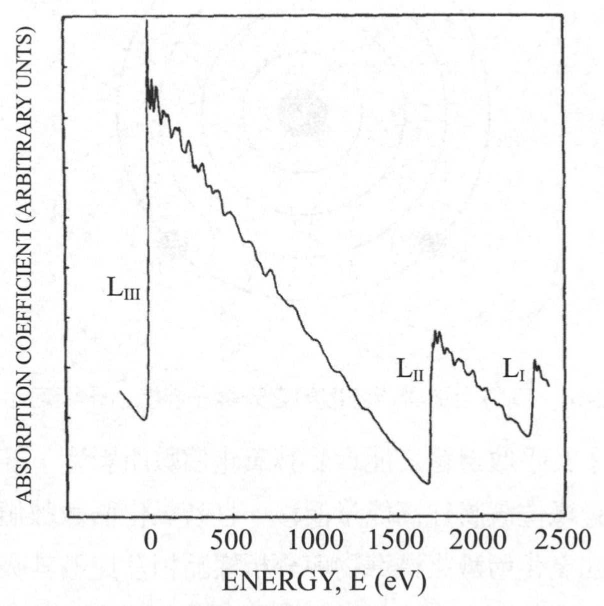

▲ 圖 2-13　鉑金屬之 L 吸收邊緣之 X 光吸收光譜 (3)

其游離釋放之光電子其動能 (kinetic energy, E_K) 如公式 (2-7) 所示：

$$E_k = hv - E_o \tag{2-7}$$

公式 (2-7) 中的 hv 爲入射 X 光之能量，E_o 爲吸收邊緣之能量。如圖 2-14 所示，光電子具波粒二重性，故將其視爲向外擴張之物質波。當 X 光中心吸收原子 A 之周圍具其它鄰近原子 B(A 與 B 可爲相同或相異原子)，將對向外行進之光電子波進行背向散射 (back scattering)，隨兩原子之間距差異與光電子波之波長變化。向外行進與背向散射之光電子波彼此間相互進行建設性干涉或破壞性干涉，然干涉結果之加成形成 X 光吸收係數之協調作用 (modulation)，於較吸收邊緣高能量處之吸收曲線呈現上下來回振盪。

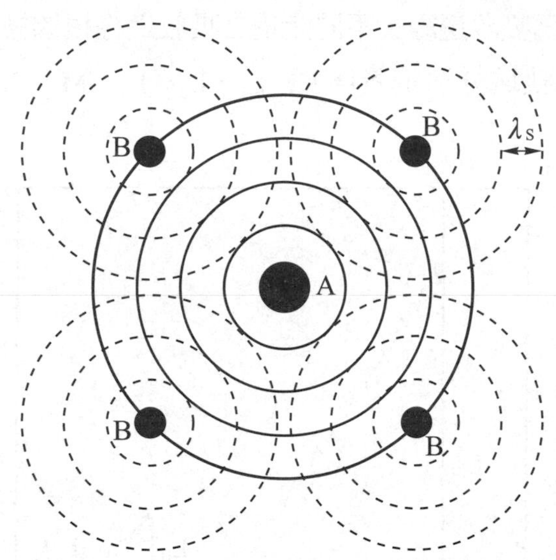

▲ 圖 2-14 向外行進與背向散射之光電子波進行干涉之示意圖 (4)

材料中原子其吸收邊緣之能量受其氧化價數所影響，若氧化價數越趨於正值其吸收邊緣位置將往高能量偏移，且若氧化價數數值越高則偏移量越大。故用已知氧化價數之標準物與分析樣品相互比較其吸收邊緣位置之能量，並藉內差法計算推斷得分析樣品中原子之氧化價數。

2-2-14 充放電測試儀

本節所使用之充放電測試儀爲佳優科技公司 (AcuTech) 所出產，型號爲 BAT-750B，如圖 2-15 所示。其最大操作電壓値爲 5V，且最大充放電電流値爲 50 mA。將分析材料分別組裝爲鈕扣電池或全固態薄膜電池，並依據不同材料之理論電容量計算其合適之充放電電流密度，並於定電流模式下進行充放電測試。

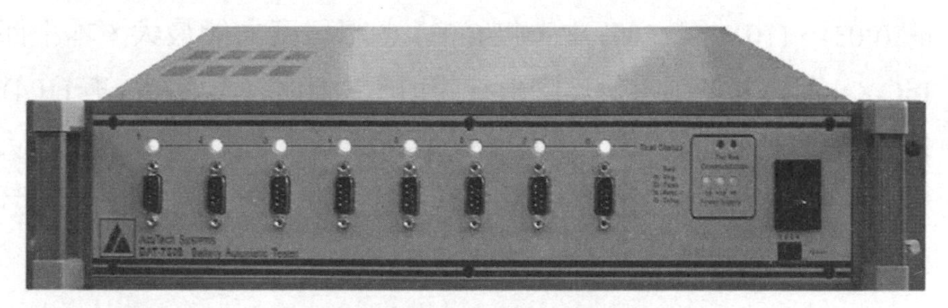

▲ 圖 2-15　充放電機測試儀

2-3 結果與討論

2-3-1　$LiCoO_2$ 陰極薄膜

$LiCoO_2$ 陰極薄膜乃以氬氣與氧氣混合氣氛下進行射頻磁控濺鍍製備而成。本章調控不同濺鍍製程之參數，其中包含退火溫度、退火時間、工作壓力、氬氣相對氧氣之氣體流速等，以建立最佳製備之條件。

1. 不同退火溫度對於 $LiCoO_2$ 薄膜之影響

本節以 XRD 進行薄膜之晶相與結晶性之鑑定。$LiCoO_2$ 陰極薄膜以濺鍍功率為 120 W 與工作壓力為 20 mtorr，控制氬氣比氧氣之氣體流速為 12：8 下進行製備，並將沉積時間固定為 5h。經 XRD 鑑定初鍍 (as-deposited) 之薄膜僅產生 2θ 角度約為 40° 與 69° 之二繞射峰，此分別代表基材之鉑金屬與矽基板訊號，故知初鍍之 $LiCoO_2$ 薄膜為非晶相結構，如圖 2-16 所示。故須藉快速熱退火爐進行熱退火使其形成晶相，此退火時間固定為 15 分鐘並改變不同退火溫度。本小節於空氣中進行退火後 $LiCoO_2$ 薄膜使晶相形成並呈現 (101) 與 (104) 之優選方向，如圖 2-16 所示，其中於 300°C 與 400°C 加熱下以 (104) 方向之繞射峰強度較強，而於 520°C 下則以 (101) 方向之繞射峰強度較強。2000 年 Bates 等人 [5] 亦提出 $LiCoO_2$ 薄膜之三個主要繞射

峰 (003)、(101) 與 (104) 中，以 (003) 之體積應力能最大，本小節之 $LiCoO_2$ 薄膜其於退火後爲降低其體積應力能將呈現 (101) 與 (104) 之優選方向，與其餘亦藉快速熱退火爐進行退火之文獻 [6~8] 比較，大多數研究將退火環境設置於較高之溫度，而本小節受限於基材雲母片之耐熱極限，故退火溫度僅至 520°C。

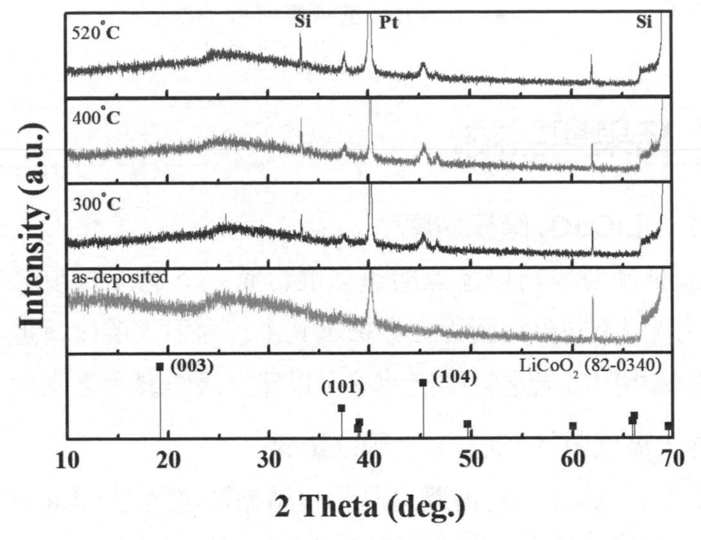

▲ 圖 2-16　$LiCoO_2$ 薄膜於不同退火溫度製備之 XRD 繞射圖譜

圖 2-17 爲不同退火溫度下之 $LiCoO_2$ 陰極薄膜 SEM 俯視圖。可發現初鍍 $LiCoO_2$ 薄膜表面形貌均勻且無缺陷，退火後則具結晶顆粒生成，且薄膜與基材之熱膨脹係數差異使其表面產生些許裂痕。亦發現結晶顆粒大小隨退火溫度提升而增大。圖 2-18 爲不同退火溫度之 $LiCoO_2$ 陰極薄膜之 SEM 側面圖，於 400°C 與 520°C 下退火之 $LiCoO_2$ 薄膜具柱狀結晶顆粒產生，然初鍍薄膜因非晶相結構而未發現。300°C 下退火之 $LiCoO_2$ 薄膜推測因退火溫度較低，故結晶顆粒亦較不明顯。

▲ 圖 2-17　不同退火溫度下之 $LiCoO_2$ 薄膜之 SEM 俯視圖，(a) 初鍍；(b) 300°C；(c) 400°C；(d) 520°C

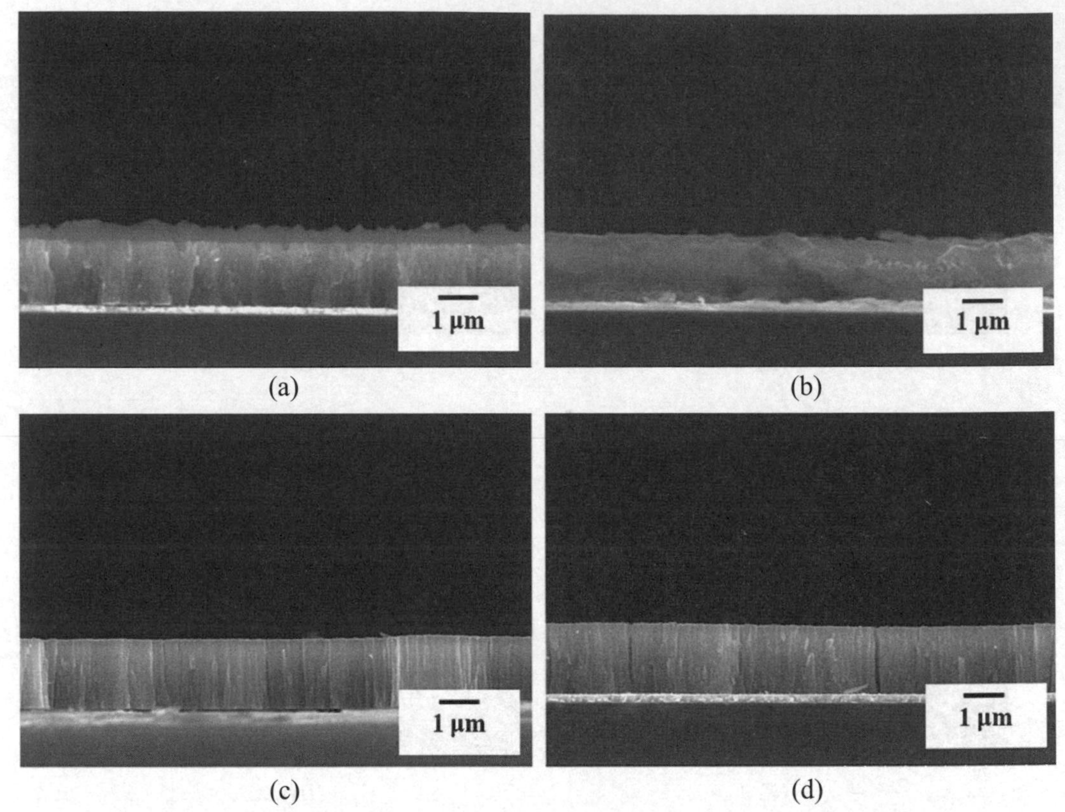

▲ 圖 2-18　不同退火溫度下 $LiCoO_2$ 薄膜之 SEM 側面圖，(a) 初鍍；(b) 300°C；(c) 400°C；(d) 520°C

圖 2-19 爲不同退火溫度下製備之 $LiCoO_2$ 陰極薄膜之 Co K-edge X 光近邊緣結構吸收光譜。本小節將鈷金屬箔 (cobalt foil)、氧化鈷 (CoO) 與鈷酸鋰 ($LiCoO_2$) 分別定義爲鈷氧化價數爲零價、二價與三價之標準物用以判定不同製程參數之 $LiCoO_2$ 薄膜中鈷價數。於此得知不同退火溫度下製備之 $LiCoO_2$ 薄膜中鈷氧化價數界於二價與三價間，且三價鈷離子之含量較多。退火溫度增加時，$LiCoO_2$ 薄膜之吸收邊緣往低能量位移，表示其鈷氧化價數隨之降低，如圖 2-19 內小圖所示。

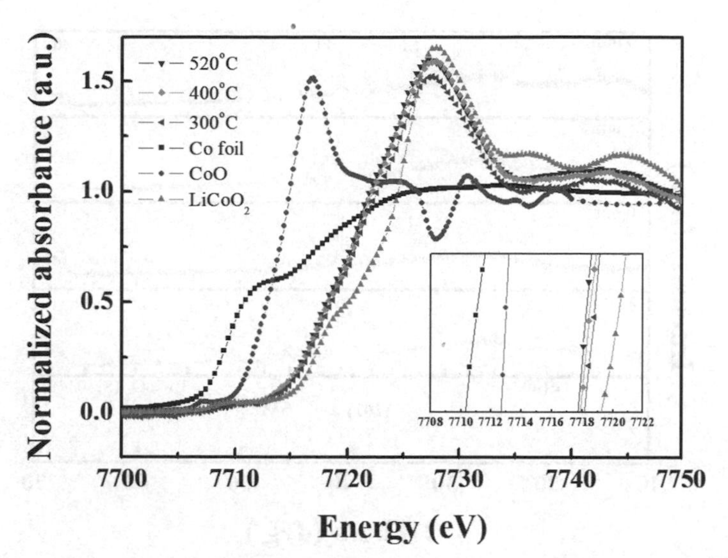

▲ 圖 2-19 $LiCoO_2$ 薄膜於不同退火溫度製備之 Co K-edge X 光吸收光譜之近邊緣結構

2. 不同退火時間對於 $LiCoO_2$ 薄膜之影響

本小節中將 $LiCoO_2$ 陰極薄膜退火溫度維持於 520°C 並改變不同退火時間，於空氣中進行退火後，$LiCoO_2$ 薄膜具晶相產生且呈現 (101) 與 (104) 優選向，如圖 2-20 所示。然當退火時間超過 20 分鐘時，於 2θ 角度約爲 29° 產生副產物繞射峰。2004 年 Kim 等人 [9] 以結構類似本研究之基材 (Pt/MgO/Ti/Si wafer) 製備 $LiCoO_2$ 薄膜，藉傳統高溫爐於氧氣氣氛中以不同溫度進行後退火 30 分鐘，並以 XRD 鑑定發現與本小節於相同角度亦產生副產物之繞射峰。文獻中提出此副產物應爲基材與薄膜產生之副反應，如圖 2-21 所示。

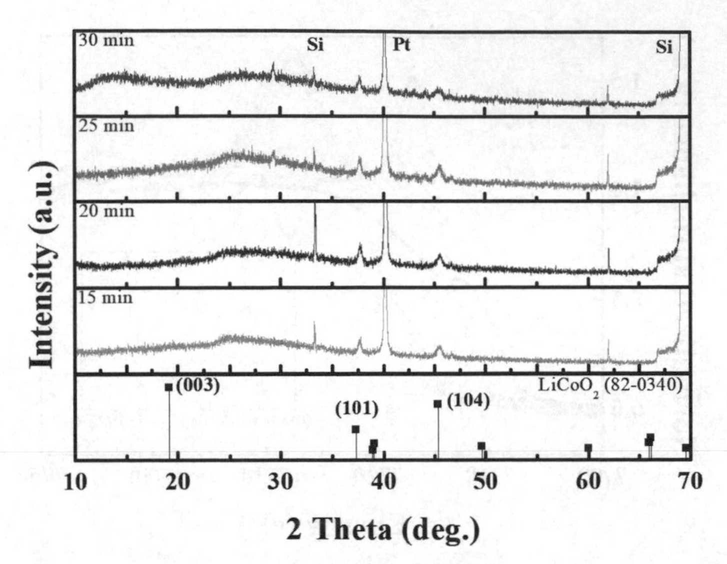

▲ 圖 2-20 $LiCoO_2$ 薄膜於不同退火時間製備之 XRD 繞射圖譜

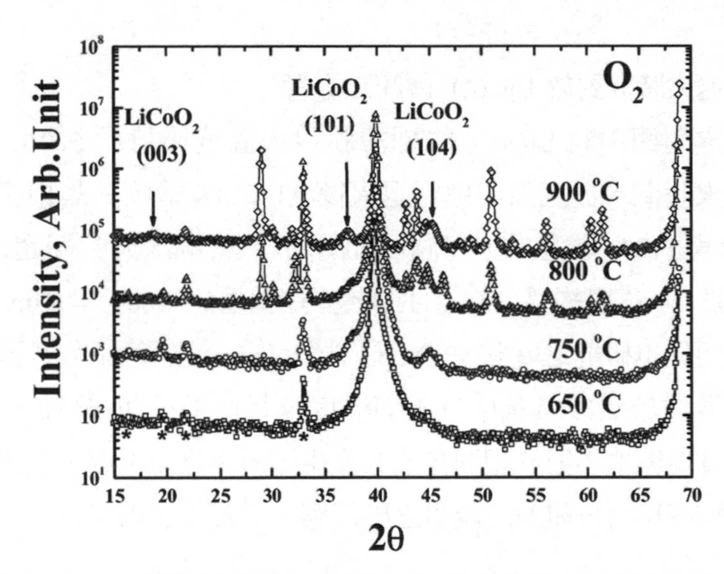

▲ 圖 2-21 不同退火溫度下製備之 $LiCoO_2$ 薄膜其 XRD 繞射圖譜 [9]

圖 2-22 為不同退火時間下之 $LiCoO_2$ 陰極薄膜之 SEM 圖。$LiCoO_2$ 薄膜於退火後具柱狀結晶顆粒生成，且因薄膜與基材之熱膨脹係數差異，造成其表面產生些許裂痕。

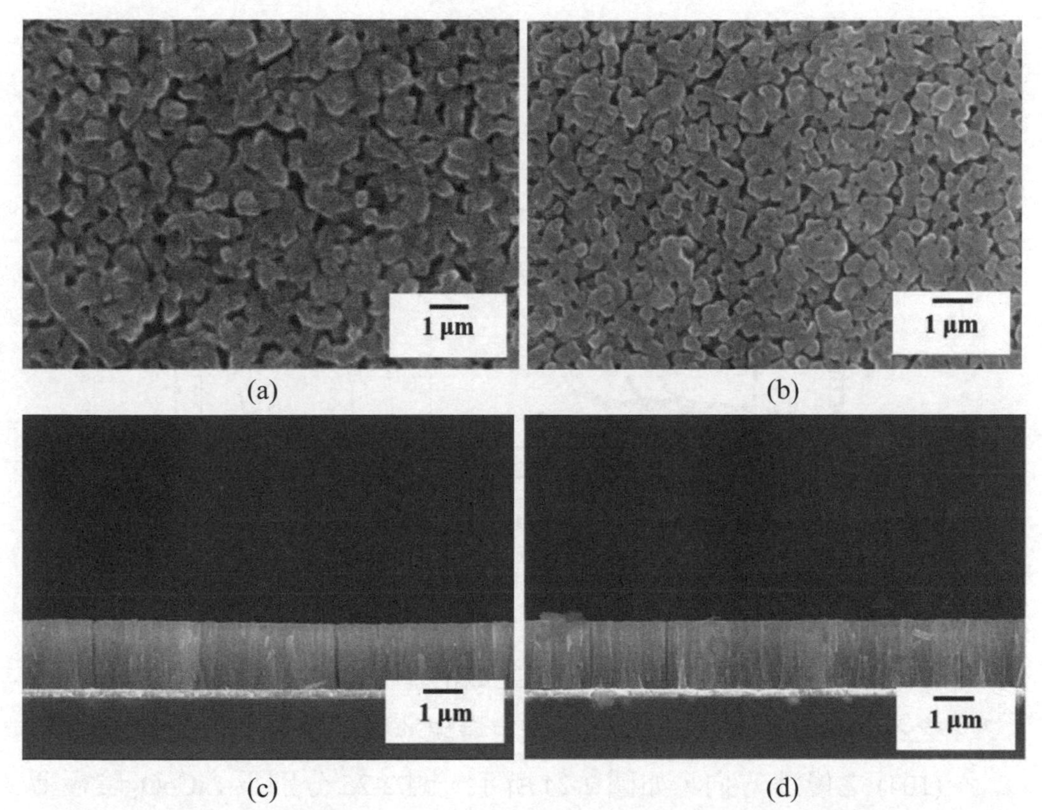

(a) (b) (c) (d)

▲ 圖 2-22 不同退火時間下之 $LiCoO_2$ 薄膜，(a) 15 分鐘之 SEM 俯視圖；(b) 20 分鐘之 SEM 俯視圖；(c) 15 分鐘之 SEM 側面圖；(d) 20 分鐘之 SEM 側面圖

圖 2-23 爲不同退火時間下製備之 $LiCoO_2$ 陰極薄膜之 Co K-edge X 光吸收光譜之近邊緣結構，於此知不同退火時間下製備之 $LiCoO_2$ 薄膜其鈷氧化價數界於二價與三價之間，並以三價鈷離子之含量較多。然當退火時間增加時，$LiCoO_2$ 薄膜之吸收邊緣往低能量位移，表示其鈷氧化價數隨之降低，如圖 2-23 內小圖所示。推測此趨勢之成因爲 $LiCoO_2$ 薄膜中三價鈷離子於較長退火時間下少部分被還原爲二價。

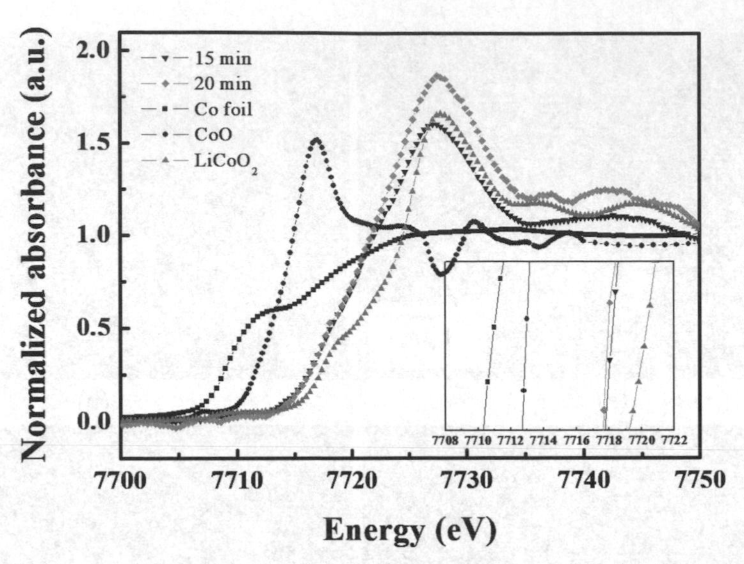

▲ 圖 2-23　$LiCoO_2$ 薄膜於不同退火時間製備之 Co K-edge X 光吸收光譜之近邊緣結構

本小節爲測試 $LiCoO_2$ 薄膜之電化學特性，將其濺鍍於鈕扣電池之不鏽鋼墊片上，並以 XRD 鑑定發現薄膜於墊片上仍表現 (101) 與 (104) 之優選方向，如圖 2-24 所示。圖 2-25 分別爲 $LiCoO_2$ 陰極薄膜退火 15 分鐘與 20 分鐘之充放電曲線圖，而圖 2-25(c) 則爲其循環壽命圖。於電流密度爲 10 $\mu A/cm^2$ 進行充放電測試，15 分鐘與 20 分鐘退火下薄膜之首圈電容量分別爲 31.8 $\mu Ah/cm^2 \cdot \mu m$ 與 35.5 $\mu Ah/cm^2 \cdot \mu m$。然此測試乃應用液態電解質，故形成之 SEI 膜將影響次圈電容量分別衰退至 17.8 $\mu Ah/cm^2 \cdot \mu m$ 與 25.1 $\mu Ah/cm^2 \cdot \mu m$，經過 30 次充放電循環其電容量則分別維持於 3.37 $\mu Ah/cm^2 \cdot \mu m$ 與 6.43 $\mu Ah/cm^2 \cdot \mu m$。故得知 20 分鐘退火下之 $LiCoO_2$ 薄膜將提供較高之電容量與較佳之循環壽命表現，故推測因較長時間退火下 $LiCoO_2$ 薄膜其結晶性較高並具較佳之電化學表現。

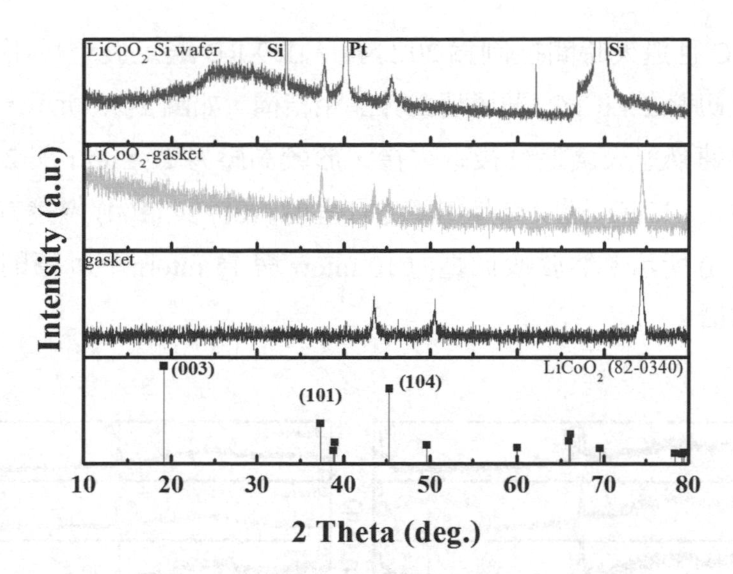

▲ 圖 2-24　$LiCoO_2$ 薄膜於不同基材製備之 XRD 繞射圖譜

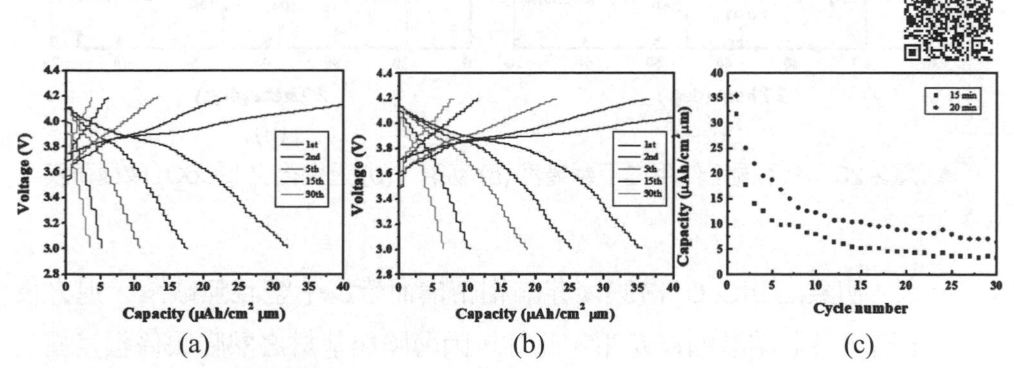

▲ 圖 2-25　$LiCoO_2$ 薄膜退火 (a) 15 分鐘之充放電曲線圖；(b) 20 分鐘之充放電曲線圖；(c) 不同退火時間之循環壽命圖

3.　不同工作壓力對於 $LiCoO_2$ 薄膜之影響

$LiCoO_2$ 陰極薄膜於此亦沉積於具鉑金屬集流體之矽基板上，以濺鍍功率為 120 W 與氬氣相對氧氣之氣體流速比為 12：8，並改變不同工作壓力下進行製備，沉積時間固定為 5 h，退火溫度維持於

520°C 且退火時間控制爲 20 分鐘。由 XRD 鑑定發現於不同工作壓力下初鍍之 $LiCoO_2$ 薄膜皆爲非晶相結構，如圖 2-26 所示，於空氣中以快速熱退火爐進行後退火後，於較高壓力 20 mtorr 與 25 mtorr 下沉積之 $LiCoO_2$ 薄膜具晶相產生且呈現 (101) 與 (104) 優選方向，如圖 2-26(b) 所示。然於較低壓力 10 mtorr 與 15 mtorr 下沉積則仍爲非晶相結構。

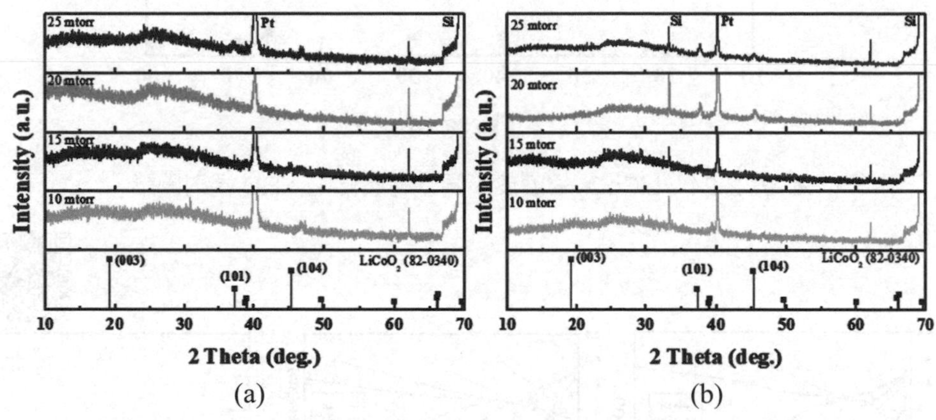

▲ 圖 2-26　為不同工作壓力下製備其 (a) 初鍍；(b) 退火後之 $LiCoO_2$ 陰極薄膜

初鍍之 $LiCoO_2$ 薄膜因非晶相結構而皆爲平整且無缺陷，退火後則皆具柱狀結晶顆粒產生。此外，因薄膜與基材之熱膨脹係數差異，造成退火後具些許裂縫生成，如圖 2-27 所示。

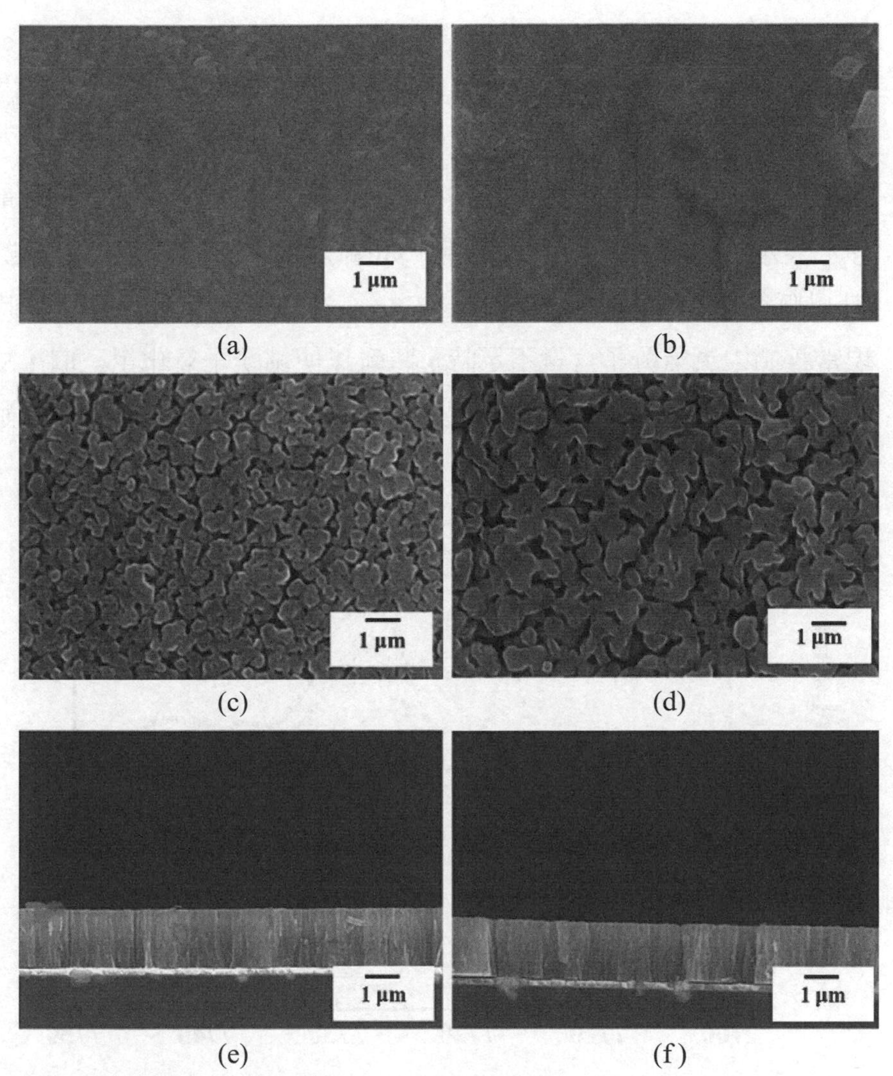

▲ 圖 2-27　不同工作壓力製備之 $LiCoO_2$ 薄膜，(a) 20 mtorr 下初鍍之薄膜；(c) 20 mtorr 退火後之薄膜；(b) 25 mtorr 下初鍍後之薄膜其 SEM 俯視圖；(d) 25 mtorr 下退火後之薄膜其 SEM 俯視圖；(e) 退火後 20 mtorr 製備之薄膜其 SEM 側面圖；(f) 製備之薄膜其 SEM 側面圖 25 mtorr 製備之薄膜其 SEM 側面圖

圖 2-28 爲不同工作壓力下製備之 $LiCoO_2$ 陰極薄膜其 Co K-edge X 光吸收光譜之近邊緣結構。於此得知不同工作壓力下製備之 $LiCoO_2$ 薄膜中鈷氧化價數界於二價與三價之間，又以三價鈷離子之含量較多。當工作壓力增加時，$LiCoO_2$ 薄膜之吸收邊緣往低能量位移，表示其鈷氧化價數隨之降低，如圖 2-28 內小圖所示。於文獻中[10] 以脈衝雷射沉積法 (pulsed laser deposition) 製備 $LiCoO_2$ 薄膜時發現當腔體中氧氣分子含量不足時，將難以使鈷離子氧化至三價，故推測此趨勢乃因較低工作壓力下製備 $LiCoO_2$ 薄膜，腔體之濺鍍氣體中氧氣分壓較低，故於濺鍍過程中少部分鈷離子被還原爲二價。

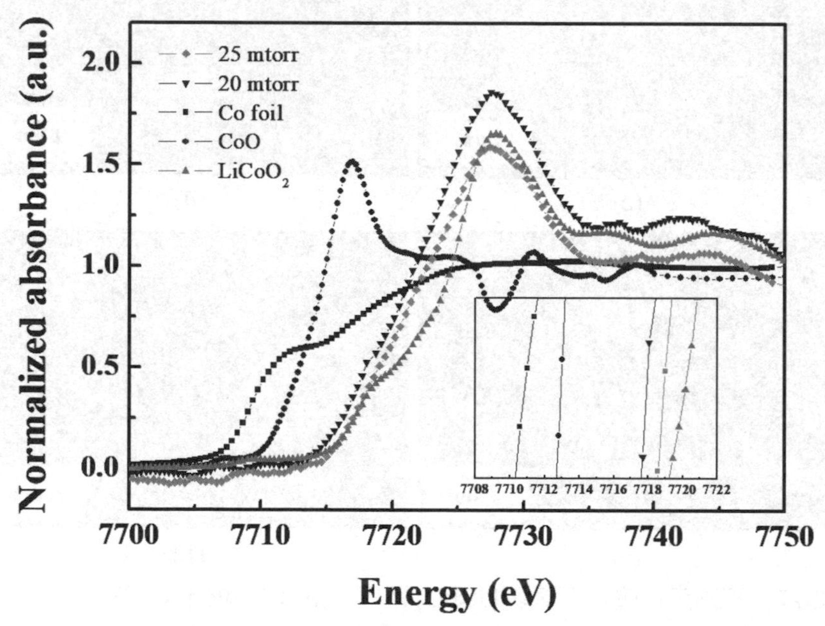

▲ 圖 2-28　$LiCoO_2$ 薄膜於不同工作壓力製備之 Co K-edge X 光吸收光譜之近邊緣結構

圖 2-29(a) 與 (b) 分別爲 $LiCoO_2$ 陰極薄膜於 20 mtorr 與 25 mtorr 製備之充放電曲線圖，圖 2-29(c) 爲其循環壽命圖。於電流密度爲 10 $\mu A/cm^2$ 進行充放電測試，20 mtorr 與 25 mtorr 下薄膜之首圈放電電容

量分別爲 35.5 μAh/cm^2 · μm 與 26.6 μAh/cm^2 · μm。然次圈因液態電解質形成之 SEI 膜使次圈放電電容量分別衰退爲 25.1 μAh/cm^2 · μm 與 20.2 μAh/cm^2 · μm。經 30 圈循環後其電容量則分別僅保持於 6.43 μAh/cm^2 · μm 與 7.35 μAh/cm^2 · μm。故得知 20 mtorr 下薄膜於較少次循環可提供較高電容量，然 25 mtorr 下薄膜之循環壽命表現則較佳，於較多次循環電容量衰退則較少。

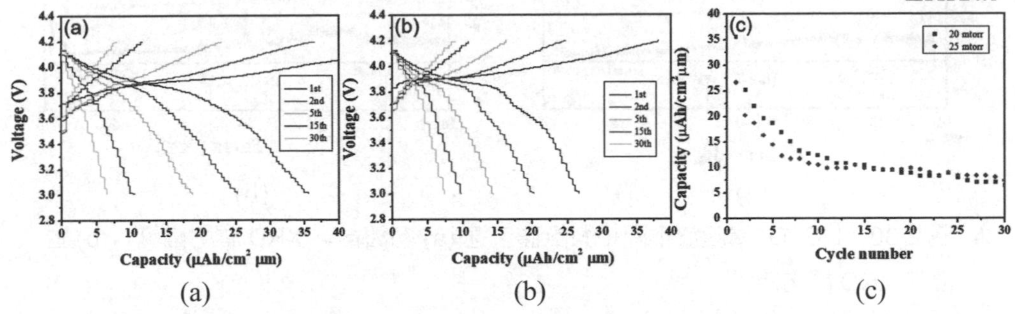

▲ 圖 2-29 $LiCoO_2$ 薄膜於 (a) 20 mtorr 下製備之充放電曲線圖；(b) 25 mtorr 下製備之充放電曲線圖；(c) 循環壽命圖

4. 不同氬氣相對氧氣流速對於 $LiCoO_2$ 薄膜之影響

$LiCoO_2$ 陰極薄膜沉積於負載鉑金屬集流體之矽基板上，固定濺鍍功率 120 W 與工作壓力 20 mtorr，僅改變不同氬氣相對氧氣之氣體流速下進行製備，沉積時間固定爲 5 h，退火溫度維持於 520°C 而退火時間控制爲 20 分鐘。由 XRD 鑑定發現於不同相對氣體流速下初鍍之 $LiCoO_2$ 薄膜皆爲非晶相結構，如圖 2-30(a) 所示。於空氣中以快速熱退火爐進行後退火後，於氣體流速比爲 12/8、8/12 與 16/4 下沉積之 $LiCoO_2$ 薄膜皆產生呈 (101) 與 (104) 優選方向之晶相，如圖 2-30(b) 所示。然氣體流速比爲 20/0 之 $LiCoO_2$ 薄膜於基材表面剝落，且氣體流速比爲 16/4 之 $LiCoO_2$ 薄膜仍爲非晶相結構。當氬氣相對氧氣之氣體流速越大時，將提升電漿中氬氣離子 (Ar^+) 受陰極吸引並對靶材進行轟擊，進而提升鍍率。故推測本小節於較低氣體流速比製備之 $LiCoO_2$ 薄膜，因其厚度較薄於相同退火溫度與時間下故易形成晶相。

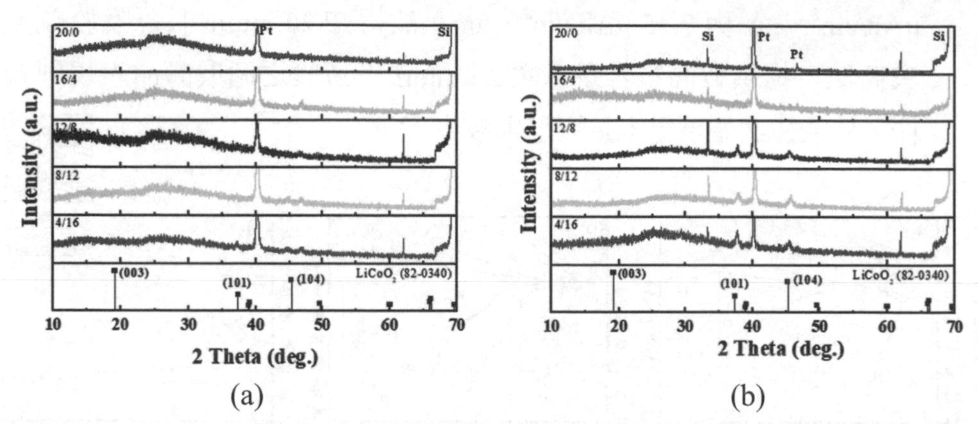

▲ 圖 2-30　$LiCoO_2$ 薄膜於不同相對氣體流速 (a) 初鍍後之 XRD 繞射圖譜；(b) 退火後之 XRD 繞射圖譜

圖 2-31 爲不同相對氣體流速製備之 $LiCoO_2$ 初鍍陰極薄膜之 SEM 俯視圖。可發現當氬氣相對氧氣之氣體流速比爲 12/8 時薄膜較平整且無缺陷。然當相對氣體流速比例降低時薄膜表面呈現顆粒生成故較粗糙，此乃濺鍍氣體中氬氣轟擊靶材之能力較氧氣強，受轟擊之靶材分子得較高之能量轉移，沉積至基材時具多餘能量進行橫向擴散，故將修補表面之缺陷並提升平整度。圖 2-32 與圖 2-33 分別爲不同相對氣體流速比所製備之 $LiCoO_2$ 薄膜退火後之 SEM 俯視圖與側面圖。 $LiCoO_2$ 薄膜退火後皆生成柱狀結晶顆粒，且因薄膜與基材具不同之熱膨脹係數而造成些許裂縫產生。

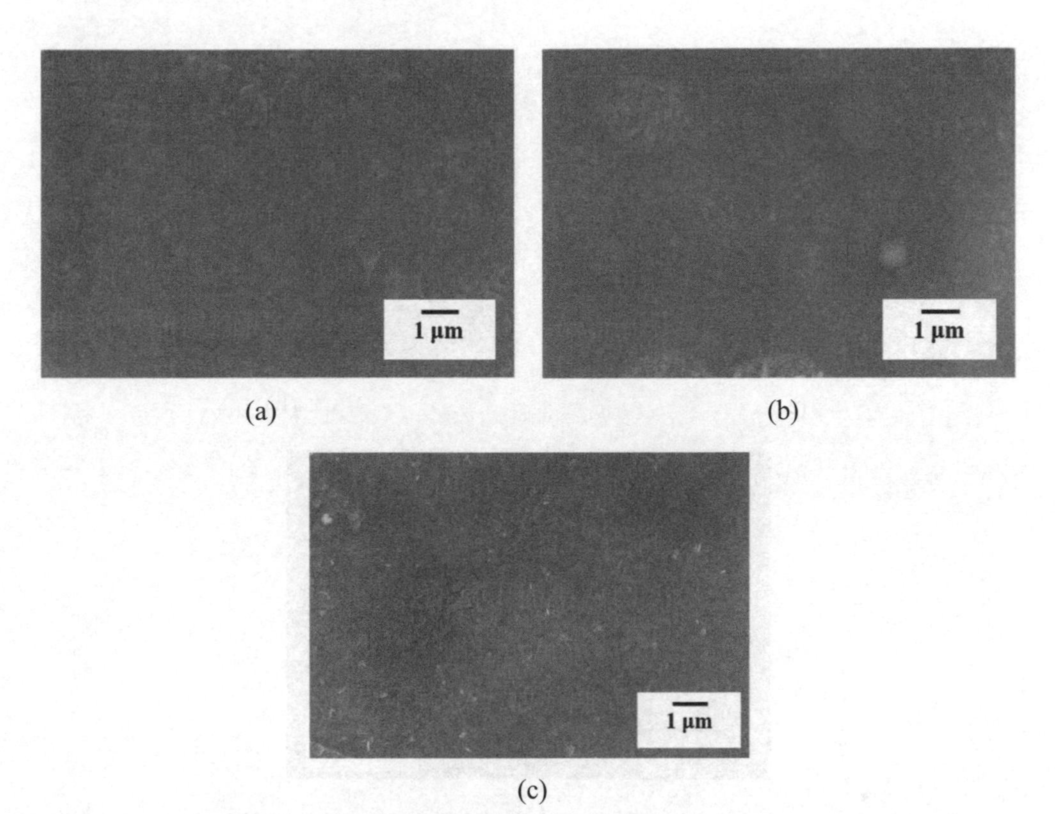

▲ 圖 2-31　不同相對氣體流速製備之 $LiCoO_2$ 初鍍薄膜其 SEM 俯視圖，(a) 12/8；(b) 8/12；(c) 16/4

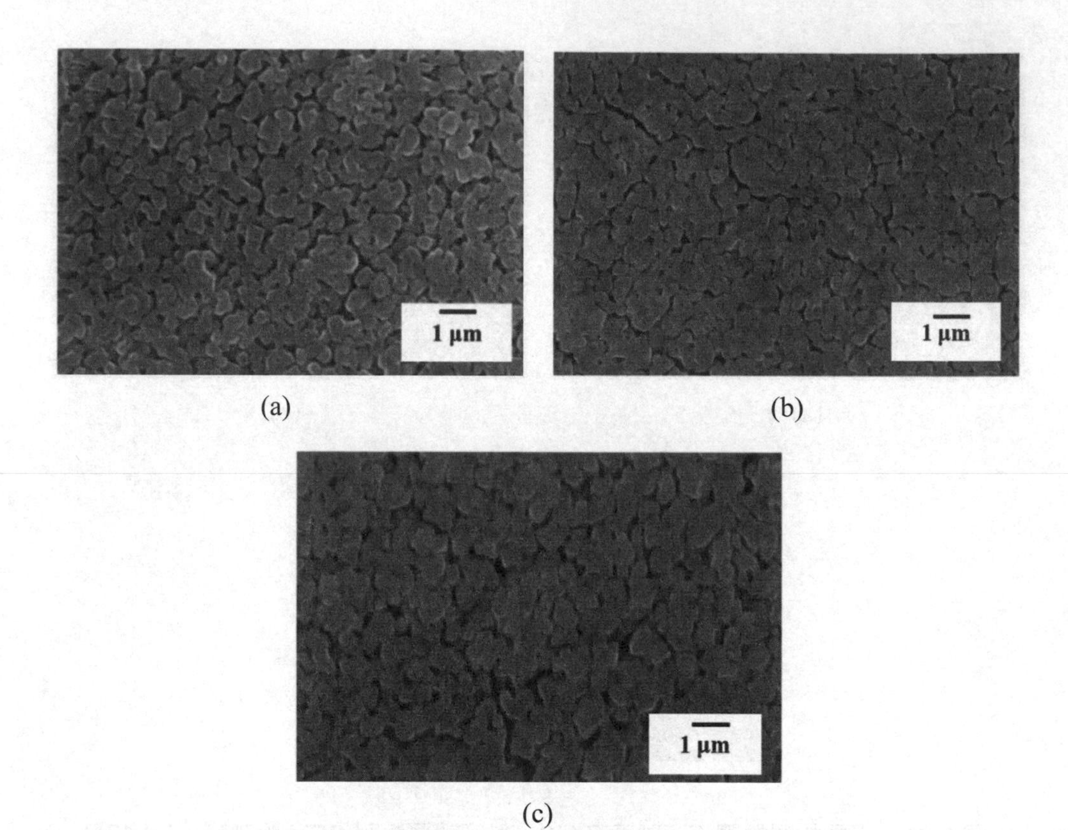

(a)

(b)

(c)

▲ 圖 2-32　不同相對氣體流速製備之 $LiCoO_2$ 薄膜退火後其 SEM 俯視圖，(a) 12/8；(b) 8/12；(c) 16/4

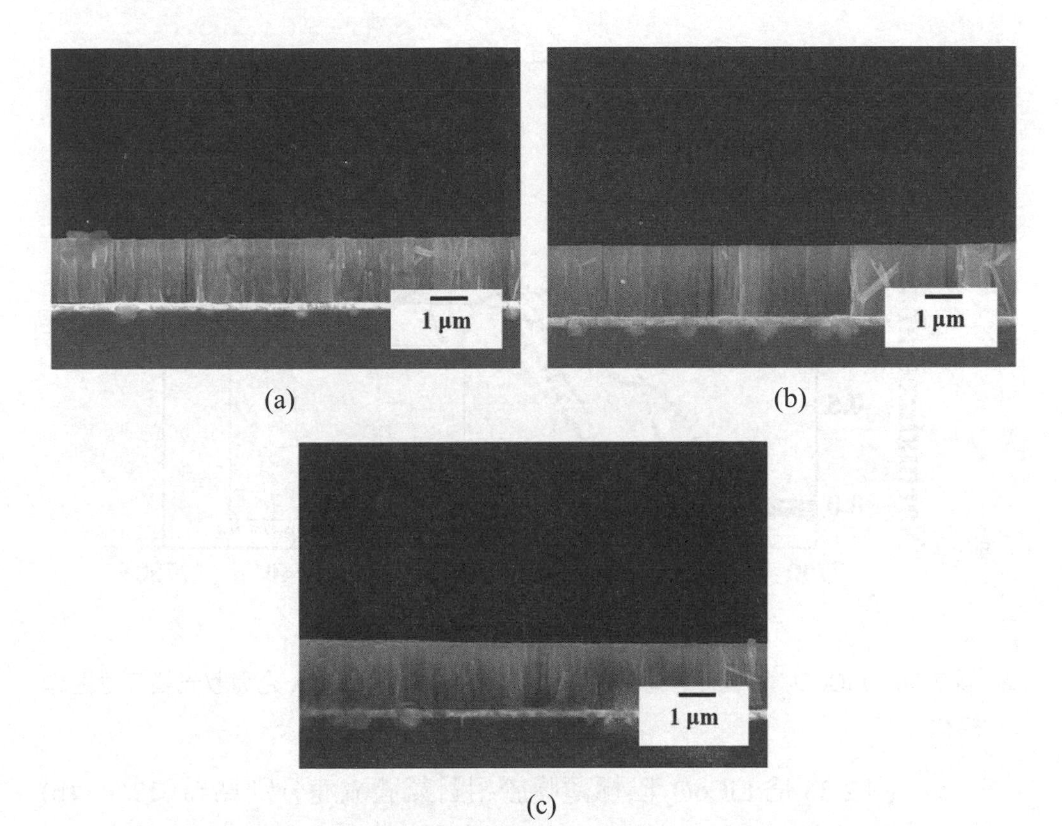

▲ 圖 2-33 不同相對氣體流速製備之 $LiCoO_2$ 薄膜退火後其 SEM 側面圖，
(a) 12/8；(b) 8/12；(c) 16/4

圖 2-34 爲不同氬氣相對氧氣之氣體流速下所製備之 $LiCoO_2$ 陰極薄膜其 Co K-edge X 光吸收光譜之近邊緣結構。於此知不同相對氣體流速下所製備之 $LiCoO_2$ 薄膜中鈷氧化價數界於二價與三價之間，其中又以三價鈷離子之含量較多。當氧氣之氣體流速增加時，$LiCoO_2$ 薄膜之吸收邊緣往低能量位移，表示其鈷氧化價數隨之降低，如圖 2-34 內小圖所示。推測此趨勢乃因與不同工作壓力下製備 $LiCoO_2$ 陰極薄膜相同，由於較高氬氣之氣體流速下所製備之 $LiCoO_2$ 薄膜，腔體內濺鍍氣體氧氣含量較低，故濺鍍過程中少部分鈷離子將還原爲二價。

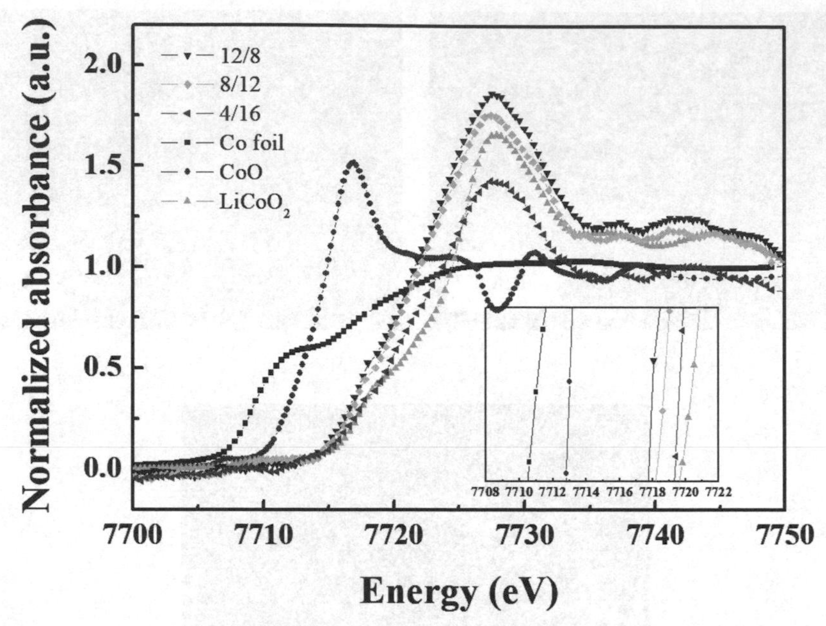

▲ 圖 2-34 $LiCoO_2$ 薄膜於不同相對流速製備之 Co K-edge X 光吸收光譜之近邊緣結構

圖 2-35 為 $LiCoO_2$ 陰極薄膜於相對氣體流速分別為 (a) 12/8、(b) 8/12 與 (c) 4/16 製備之充放電曲線圖，而圖 2-35(d) 則為其循環壽命圖。於電流密度為 10 μA/cm^2 進行充放電測試，相對氣體流速為 12/8 與 8/12 下薄膜之首圈放電電容量分別為 35.5 μAh/cm^2・μm 與 26.2 μAh/cm^2・μm。然液態電解液形成之 SEI 膜使次圈放電電容量分別衰退為 25.1 μAh/cm^2・μm 與 19.9 μAh/cm^2・μm。相對氣體流速為 4/16 下薄膜之首圈與次圈放電電容量分別為 9.10 μAh/cm^2・μm 與 10.5 μAh/cm^2・μm。相對氣體流速為 12/8、8/12 與 4/16 下薄膜經過 30 圈循環其放電電容量則分別維持於 6.43、5.97 與 3.13 μAh/cm^2・μm。故得知相對氣體流速為 12/8 下薄膜之電容量與循環壽命表現皆較佳。

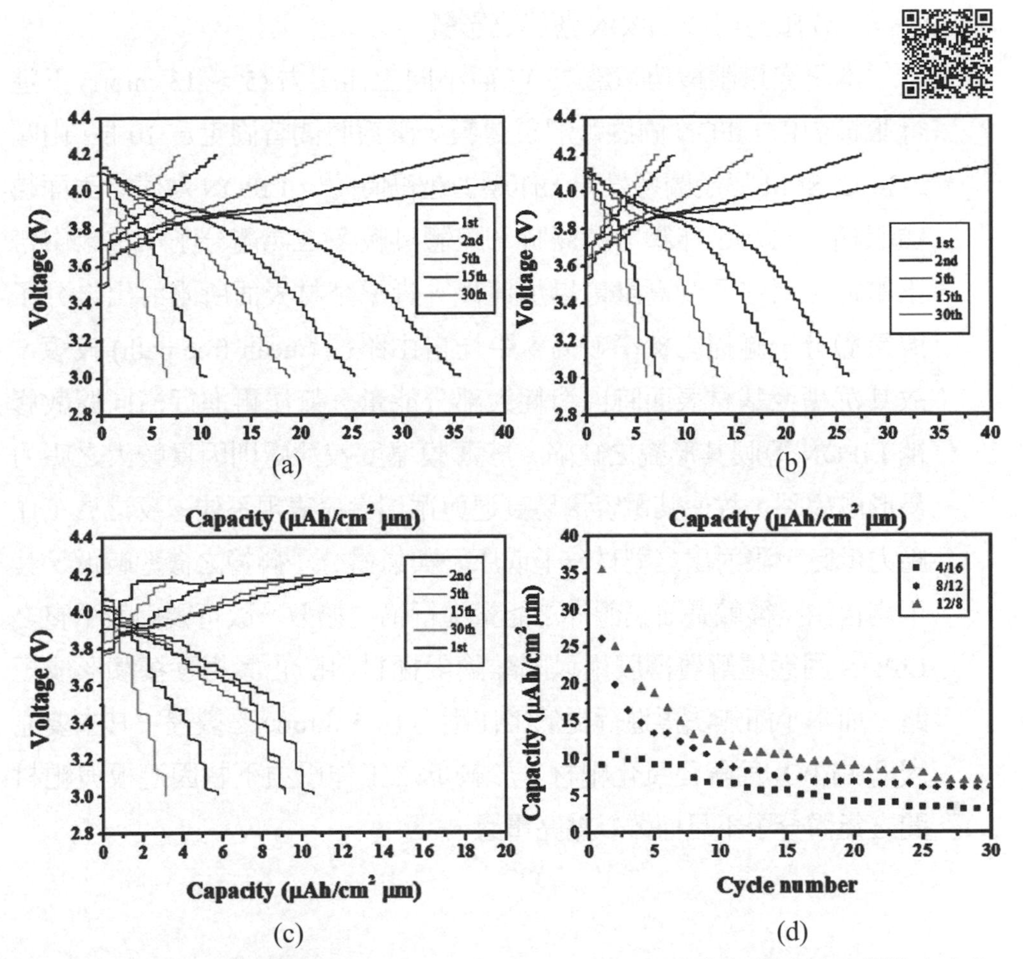

▲ 圖 2-35 $LiCoO_2$ 薄膜於 (a) 12/8；(b) 8/12；(c) 4/16 相對氣體流速下製備之充放電曲線圖；(d) 循環壽命圖

2-3-2 LiPON 固態電解質薄膜

LiPON 固態電解質薄膜乃以 Li_3PO_4 爲靶材，並於氮氣氣氛下進行射頻磁控反應式濺鍍製備而成。於此嘗試調控不同濺鍍製程之參數包含工作壓力與濺鍍功率以建立最佳製備之條件。

1. 不同工作壓力對於 LiPON 薄膜之影響

本研究以濺鍍功率爲 75 W 而不同工作壓力 (5 ～ 13 mtorr) 下進行濺鍍製備 LiPON 固態電解質薄膜，濺鍍時間皆固定爲 10 h。由圖 2-36 之 SEM 形貌圖可得知工作壓力越高時 [11]，LiPON 薄膜之表面越顯粗糙。此乃工作壓力較高時，腔體具較多之氣體分子，電漿中帶正電荷之氮離子受高壓電場加速後，轟擊靶材表面所濺射出之分子與氣體分子碰撞之機率較高，平均自由路徑 (mean free path) 較短，故其沉積至基材表面時已消耗大部分能量，無法再進行橫向擴散修補 LiPON 薄膜其形貌之缺陷。於薄膜厚度較薄處則因具較大之應力易形成龜裂，故使其電容量易衰退與循環壽命表現不佳。反之於工作壓力低時，濺射出之靶材分子或原子與氣體分子碰撞之機率較低，其平均自由路徑較長並具額外之能量進行橫向擴散。故可製備較平整之 LiPON 固態電解質薄膜用以隔離陰陽極材料防止其相互接觸形成短路。而本小節無法再進行更低工作壓力 (< 5 mtorr) 之製程，其主要原因乃 Li_3PO_4 爲陶瓷氧化靶材，於較低之工作壓力下將因遮板與靶材間之氣體分子不足而難以點亮電漿。

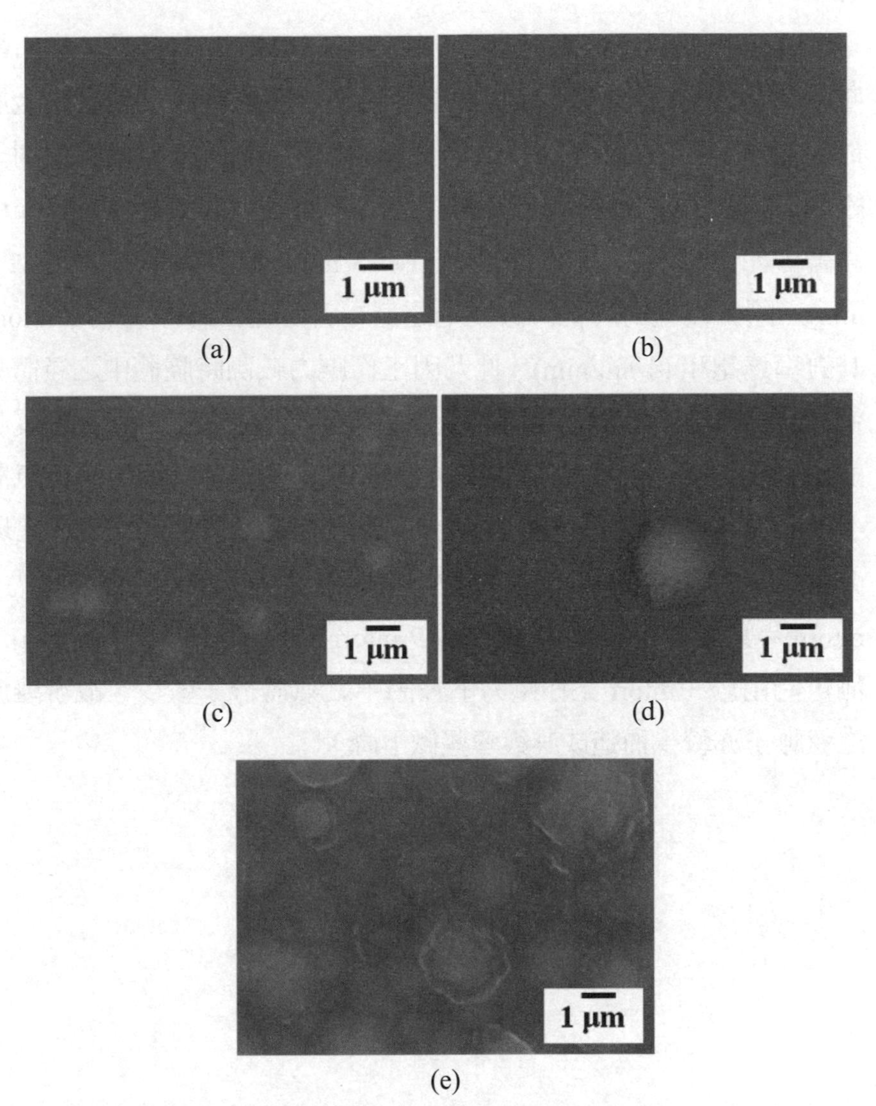

▲ 圖 2-36 LiPON 薄膜於不同工作壓力製備之 SEM 形貌圖，(a) 5 mtorr；(b) 7 mtorr；(c) 9 mtorr；(d) 11 mtorr；(e) 13 mtorr(11)

圖 2-37 為 SEM 剖面圖 [11]，其具不同導電性之三層結構，最底層深灰色部分為矽基板，中間亮白色部分為導電性較佳之鉑金屬，最上層則為 LiPON 薄膜。由剖面圖得知材料於 10 h 濺鍍時間下，經計算得知 LiPON 薄膜於不同工作壓力對於鍍率 (deposition rate) 之影響，如圖 2-38 所示。工作壓力為 13 mtorr 時其鍍率較低 (3.22 nm/min)，隨工作壓力降低時鍍率則逐漸提升，當工作壓力為 9 mtorr 時其鍍率達飽和 (4 nm/min)。此乃因工作壓力較高時腔體中之氣體分子過多時，電漿中氮離子易與氣體分子進行碰撞並失去能量，使受轟擊並濺射出之靶材分子動能較低，且沉積至基材之過程中易與氣體分子進行碰撞並失去更多能量。故具足夠能量沉積至基材表面之靶材分子數量較少，較高之工作壓力下其膜厚較薄。然而當工作壓力為 5 mtorr 時其鍍率相較於 7 mtorr 與 9 mtorr 略為下降 (3.88 nm/min)，推測可能由於 5 mtorr 工作壓力下腔體中之氣體分子較少，故游離產生之氮離子亦較少而造成其鍍率些微下降。

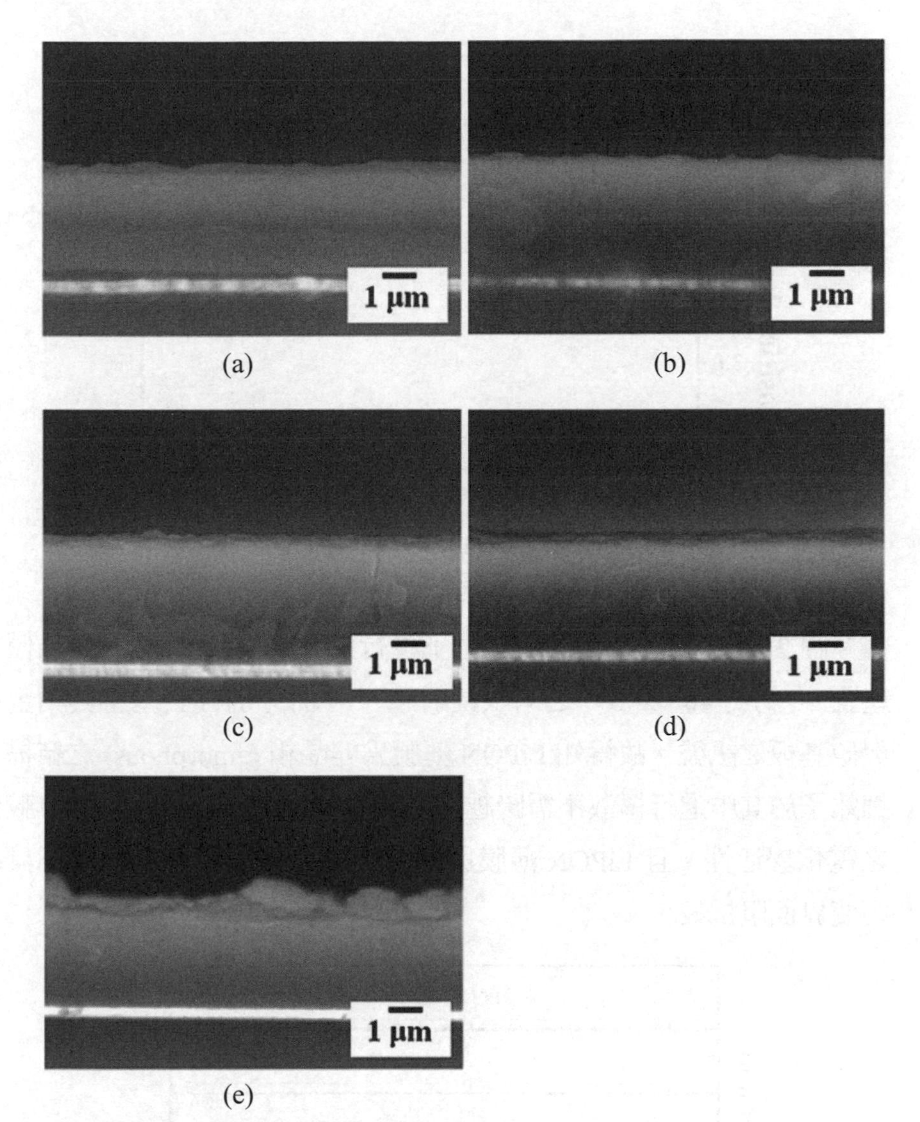

▲ 圖 2-37　LiPON 薄膜於不同工作壓力製備之 SEM 剖面圖，(a) 5 mtorr；(b) 7 mtorr；(c) 9 mtorr；(d) 11 mtorr；(e) 13 mtorr

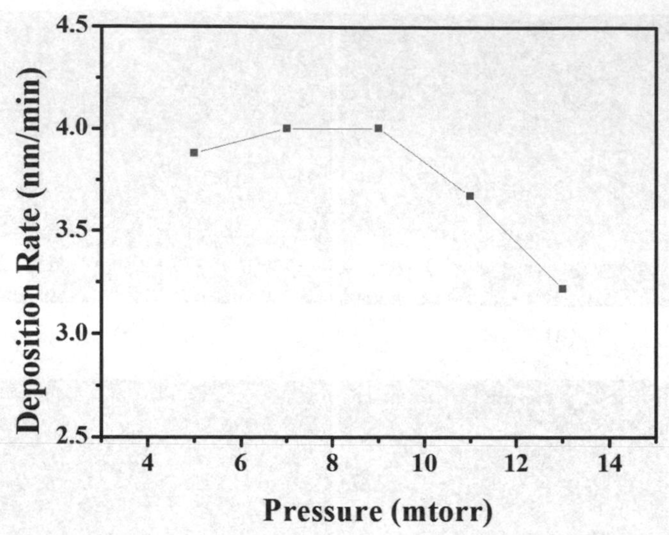

▲ 圖 2-38　LiPON 薄膜於不同工作壓力製備之鍍率曲線圖 (11)

圖 2-39 發現於不同工作壓力下進行 LiPON 濺鍍沉積之樣品僅皆產生 2θ 約為 40° 與 69° 之兩根繞射峰 (11)，而分別代表基材其鉑金屬與矽基板之訊號。故得知 LiPON 薄膜為非晶相 (amorphous) 之結構，鋰離子於其中進行擴散不需跨越晶格邊界 (grain boundary)，故具較佳之電化學活性。且 LiPON 薄膜與陰陽極間之接觸界面亦因其不具晶相使界面阻抗較小。

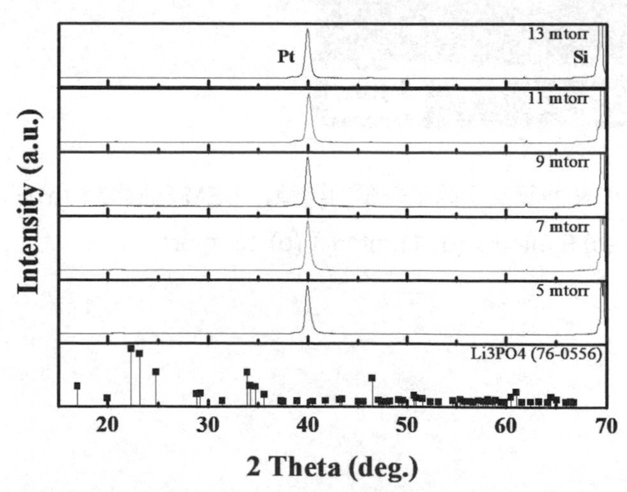

▲ 圖 2-39　LiPON 薄膜於不同工作壓力製備之 XRD 繞射圖譜 (11)

本小節為了解 LiPON 固態電解質薄膜之電化學性質，將其沉積於具鉑金屬電流收集器之矽基板後，於其表面再濺鍍上鉑金屬電流收集器，如圖 2-40 所示將其製為 Pt/LiPON/Pt 三明治結構 (sandwich structure) 量測 LiPON 薄膜之阻抗值。[11]

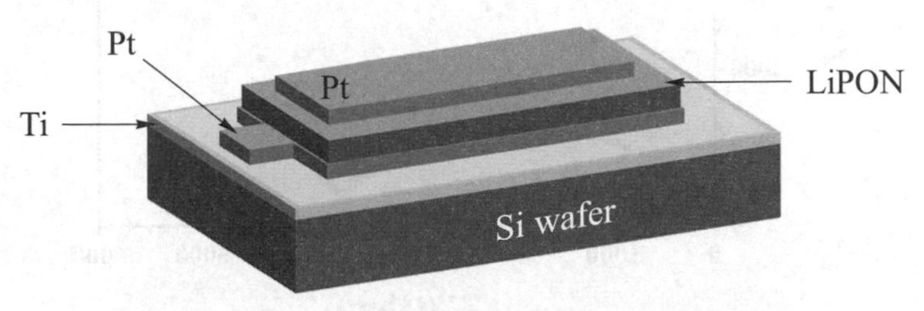

▲ 圖 2-40 Pt/LiPON/Pt 之三明治結構 [11]

圖 2-41 為不同壓力下製備之 LiPON 薄膜阻抗分析圖，不同工作壓力下進行濺鍍之 LiPON 薄膜其膜厚亦不同，故阻抗分析圖之實阻抗 (Z') 不具比較之價值，須經計算個別濺鍍條件之 LiPON 薄膜其離子電導率 (ionic conductivity, σ)，方可比較彼此間之電化學活性，離子電導率之計算如公式 (2-8) 所示：

$$\sigma = \frac{d}{R_{el} \times A} \tag{2-8}$$

其中 d 為 LiPON 固態電解質薄膜之厚度，R_{el} 則為其實阻抗，而 A 為鉑金屬電流收集器之面積。於此以濺鍍功率為 75 W 與工作壓力為 5 mtorr 製程條件之 LiPON 薄膜為例計算其離子電導率。其膜厚為 2.33 μm，實阻抗則由圖 2-41 之阻抗分析曲線中虛阻抗 (–Z") 之最小值判斷可得知為 344 Ohm[11]，鉑金屬集流體之面積為 0.49 cm^2，代入公式 (2-8) 即可得此參數之離子電導率為 1.4×10^{-6} S/cm。不同工作壓力下進行濺鍍之 LiPON 薄膜其離子電導率歸納於表 2-4。[11]

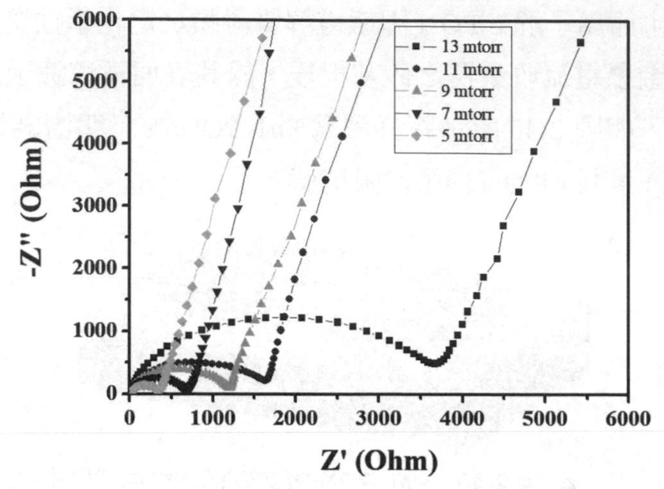

▲ 圖 2-41 LiPON 薄膜於不同工作壓力製備之阻抗分析圖

▼ 表 2-4 LiPON 薄膜於不同工作壓力製備之離子電導率 [11]

工作壓力 (mtorr)	5	7	9	11	13
離子電導率 (S/cm)	1.4×10^{-6}	7.3×10^{-7}	4.1×10^{-7}	2.7×10^{-7}	1.1×10^{-7}

爲得知 LiPON 固態電解質薄膜之活化能 (activation energy, E_a)，須將其置於烘箱內進行加熱，圖 2-42(a) 爲其不同溫度環境下量測之阻抗分析圖。LiPON 薄膜之實阻抗將隨溫度提升而降低，鋰離子於較高溫度之環境下較易進行擴散。由公式 (2-8) 計算得知 LiPON 薄膜於各別溫度之離子電導率後以阿瑞尼士 (Arrhenius equation) 方程式求其活化能，如公式 (2-9) 所示：

$$\ln(\sigma) = \ln(\sigma_0) - \frac{E_a}{kT} \tag{2-9}$$

其中 T 爲絕對溫度，k 爲波茲曼常數。LiPON 薄膜於各別溫度之離子電導率以 1000/T 爲 X 軸與 $\ln(\sigma)$ 爲 Y 軸計算其回歸線。依其斜率即得知此參數之活化能爲 0.464 eV，如圖 2-42(b) 所示，而於不同工作壓力下進行濺鍍之 LiPON 薄膜其活化能亦歸納於表 2-5。[11] 圖 2-42(c) 至 (f) 爲各別工作壓力所製備之 LiPON 薄膜，其不同溫度下之阻抗分析圖與阿瑞尼士曲線圖。

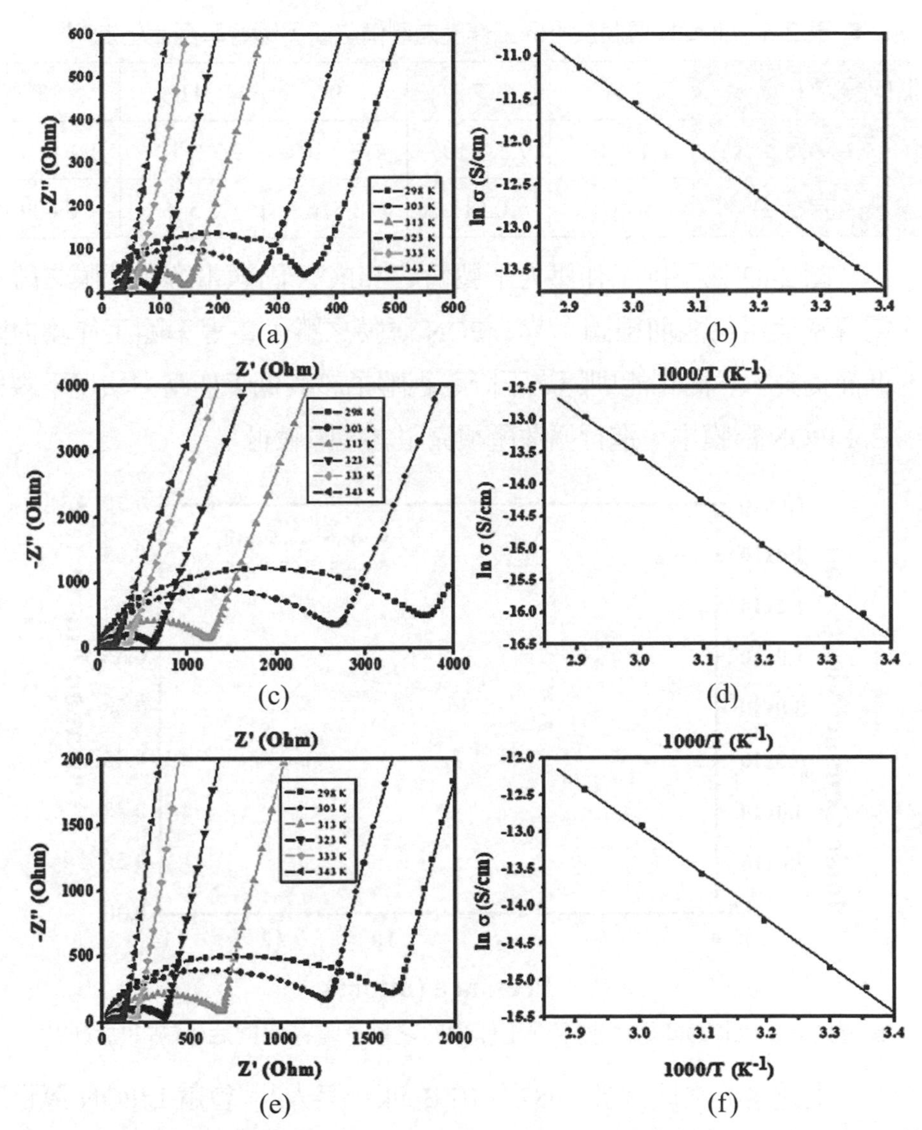

▲ 圖 2-42　LiPON 薄膜於 (a) 5 mtorr；(c) 7 mtorr；(e) 9 mtorr 之不同溫度阻抗圖與 (b) 5 mtorr；(d) 7 mtorr；(f) 9 mtorr 之阿瑞尼士圖 [11]

▼ 表 2-5　LiPON 薄膜於不同工作壓力製備之離子電導率與活化能 [11]

工作壓力 (mtorr)	5	7	9	11	13
離子電導率 (S/cm)	1.4×10^{-6}	7.3×10^{-7}	4.1×10^{-7}	2.7×10^{-7}	1.1×10^{-7}
活化能 (eV)	0.464	0.511	0.516	0.536	0.609

圖 2-43 爲不同工作壓力下製備之 LiPON 固態電解質薄膜之離子電導率與活化能曲線圖。[11] LiPON 薄膜之離子電導率隨工作壓力降低而提升，然活化能則隨之下降。鋰離子於較低工作壓力環境下製備之 LiPON 薄膜中，進行擴散所須克服之能障較低。

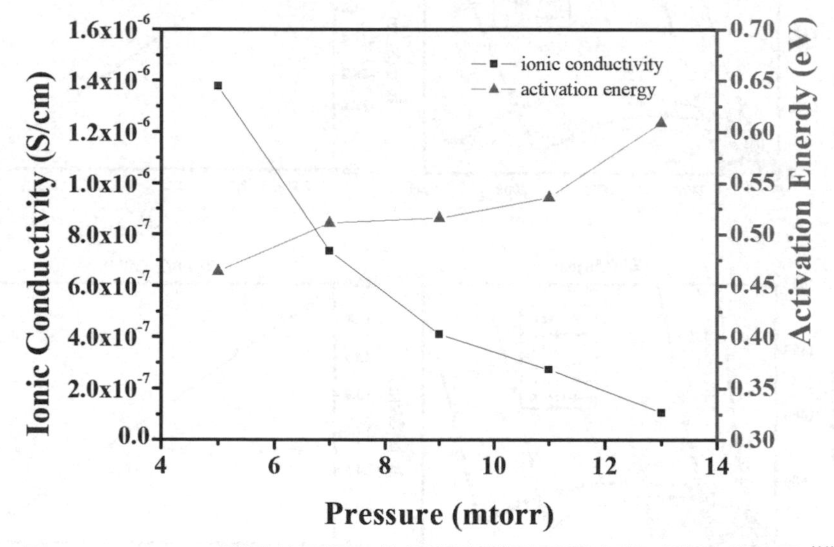

▲ 圖 2-43　LiPON 薄膜於不同工作壓力之離子電導率與活化能曲線圖 [11]

上述趨勢之成因於 1987 年由 Bunker 等人 [12] 曾就 LiPON 薄膜形成機制進行解釋，如圖 2-44 所示。電場游離之電漿氮離子於電位差加速後，轟擊 Li_3PO_4 靶材使其磷氧鍵 (P － O) 產生斷鍵，並取代部分之氧離子形成磷氮鍵。LiPON 薄膜之氮離子具兩種不同之配位環境故分爲雙重鍵結氮 (doubly coordinated nitrogen, － N ＝) 與三重鍵結氮 (triply coordinated nitrogen, － N ＜)。其 Li_3PO_4 結構中欲形成兩個三重鍵結氮須使三組磷氧鍵斷鍵，如圖 2-44(a) 所示。而欲形成兩個雙重鍵結氮則僅須使一組磷氧鍵斷鍵，如圖 2-44(b) 所示。且氮之電負度 (electronegativity) 較氧低，故磷氮鍵之共價性質較磷氧鍵明顯。電荷將受磷氧鍵束縛產生分離極化之現象，並限制鋰離子於電解質中進行擴散，故 LiPON 薄膜之磷氮鍵可改善此情況。三重鍵結氮因取代磷氧鍵之效率高於雙重鍵結氮，進而提升 LiPON 固態電解質薄膜之三重鍵結氮配位環境，此將提升其離子電導率。然三重鍵結氮因其生成必須打斷較多之磷氧鍵，故電漿中氮離子須具較高之動能，較低工作壓力下製備之 LiPON 薄膜，因濺鍍腔體內之氣體分子較少，電漿中氮離子之平均自由徑較長故具較足夠之能量形成三重鍵結氮，故於此製程條件之 LiPON 薄膜其離子電導率亦較高。

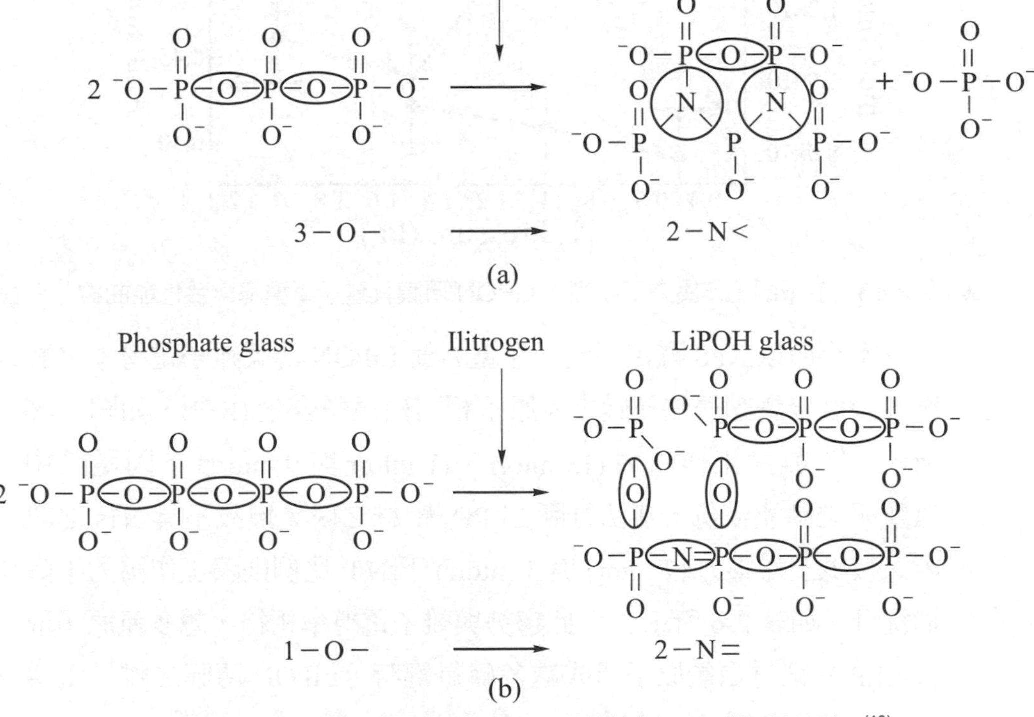

▲ 圖 2-44 LiPON 薄膜中之 (a) 三重鍵結氮；(b) 雙重鍵結氮 [13]

於 1999 年 Roh 等人 [14] 亦提出於不同工作壓力下製備之 LiPON 薄膜其離子電導率變化差異不明顯。2006 年 Hamon 等人 [15] 卻發現與上述相反之趨勢，如圖 2-45 所示，LiPON 薄膜之離子電導率隨著工作壓力下降而下降。亦發現於較低工作壓力下製備之 LiPON 薄膜其三重鍵結氮之配位環境較多。故離子電導率隨著三重鍵結氮之含量下降而下降之趨勢仍被遵守。

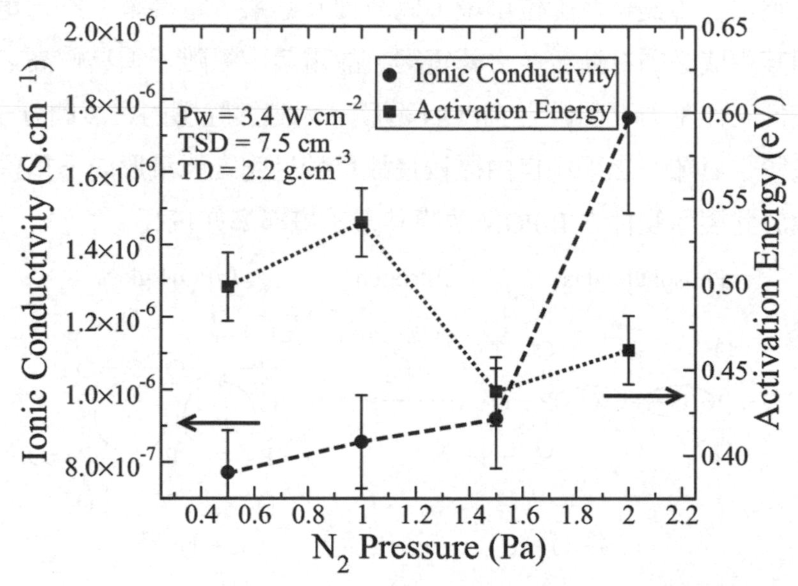

▲ 圖 2-45　於不同工作壓力下製備之 LiPON 薄膜其離子電導率與活化能曲線 [15]

本小節以 XPS 鑑定不同工作壓力對 LiPON 薄膜離子電導率之影響，XPS 全譜圖得知薄膜之氮原子相對磷原子含量 (N/P)，如圖 2-46 所示。[11] 較高工作壓力 (13 mtorr、11 mtorr 與 9 mtorr) 下因電漿中氮離子之動能較低，無法打斷 Li_3PO_4 靶材之磷氧鍵故不具 N1s 之訊號。較低工作壓力 (7 mtorr 與 5 mtorr) 下 N/P 比例則隨工作壓力下降而提升，如表 2-6 所示。[11] 此趨勢與離子電導率相符，越多氮原子取代 Li_3PO_4 靶材之氧原子形成越多磷氮鍵時，LiPON 薄膜之離子電導率則越高。以 XPS 針對氮原子進行細掃描觀測其配位環境，如圖 2-47 與圖 2-48 所示 (11)，於能量 399.4 eV 與 397.9 eV 分別代表三重鍵結氮與雙重鍵結氮，三重鍵結氮相對雙重鍵結氮含量 (− N ＜ / − N ＝) 隨著工作壓力下降而提升，如表 2-7 所示。(11) 故於 5 mtorr 下製備之 LiPON 薄膜其離子電導率較高。

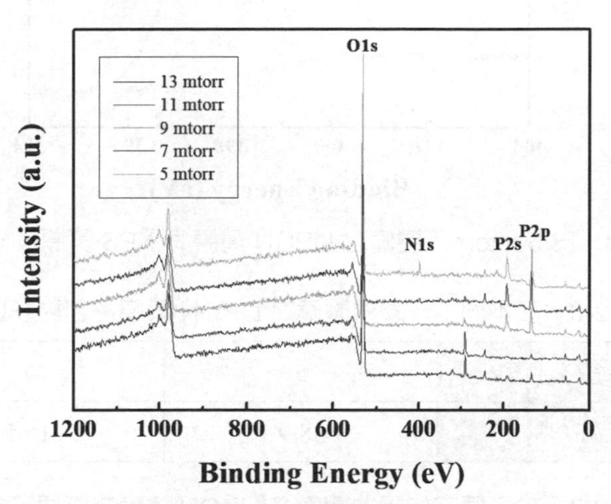

▲ 圖 2-46　於不同壓力下製備之 LiPON 薄膜其 XPS 全譜圖 (11)

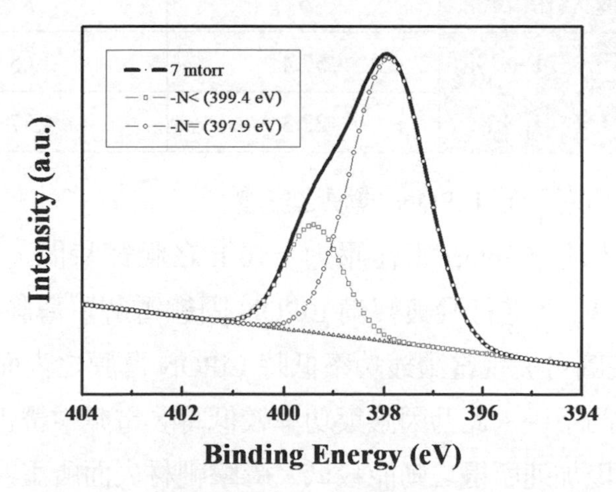

▲ 圖 2-47　於 7 mtorr 下製備之 LiPON 薄膜其 XPS 氮原子細掃譜圖 (11)

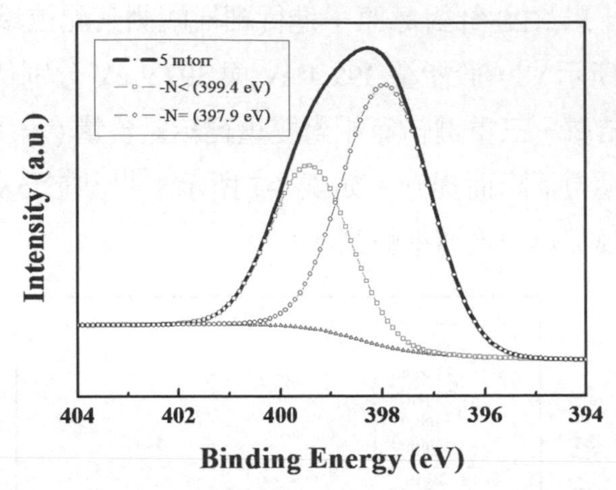

▲ 圖 2-48　於 5 mtorr 下製備之 LiPON 薄膜其 XPS 氮原子細掃譜圖 [11]

▼ 表 2-6　於不同工作壓力製備之 LiPON 薄膜之氮原子比例 [11]

工作壓力 (mtorr)	5	7
N/P(%)	38.9	15.5

▼ 表 2-7　於不同工作壓力製備之 LiPON 薄膜之氮原子含量 [11]

工作壓力 (mtorr)	5	7
－N＜/－N＝(%)	57.4	29.5
－ N ＜ /P(%)	22.3	4.57

2. 不同濺鍍功率對於 LiPON 薄膜之影響

本小節以 5 mtorr 工作壓力，10 h 之濺鍍時間，不同濺鍍功率 (55 ～ 85 W) 下進行濺鍍製備 LiPON 固態電解質薄膜。由圖 2-49 之 SEM 形貌圖可發現當濺鍍功率低時 LiPON 薄膜之表面具顆粒與孔洞存在而凹凸不平。此乃因濺鍍功率較低時，電漿中帶正電荷之氮離子受高壓電場加速所得之動能較低，轟擊靶材表面所濺射出之分子獲得之能量轉移較低，過程中其與氣體分子間碰撞又進一步損失能量，故其沉積至基材表面時已消耗掉大部分之能量，不具多餘之能量修補 LiPON 薄膜形貌之缺陷。濺鍍功率較高時，濺射出之靶材分子或原子其能量較高，具足夠之能量於基材表面進行橫向擴散，故可得平整度較高之 LiPON 固態電解質薄膜。然提升功率將易導致靶材破碎，故本小節僅控制於 85 W 以下。

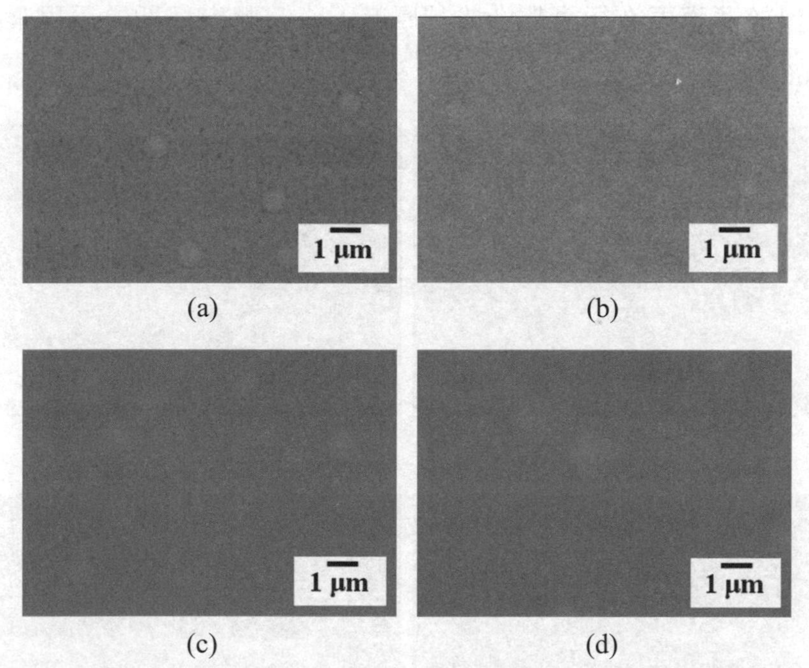

▲ 圖 2-49　LiPON 薄膜於不同濺鍍功率製備之 SEM 形貌圖，(a) 55 W；(b) 65 W；(c) 75 W；(d) 85 W

由圖 2-50 之 SEM 剖面圖具不同導電性之三層結構 (LiPON/Pt/Si)，固定 10 h 濺鍍時間經計算得知 LiPON 薄膜於不同濺鍍功率對鍍率之影響，如圖 2-51 所示。當濺鍍功率爲 55 W 時其鍍率較低 (1.88 nm/min)，其鍍率將隨濺鍍功率增強而逐漸提升，當濺鍍功率爲 75 W 時其鍍率達飽和 (3.88 nm/min)。此乃因濺鍍功率較低時腔體中氣體分子游離率較低，電漿中氮離子含量較少使其轟擊靶材之機率較低，濺鍍功率較低造成能量轉移至受轟擊所濺射出之靶材分子較低，於沉積至基材之過程中與氣體分子碰撞並失去更多能量，故具足夠能量沉積至基材表面之靶材分子或原子之數量較少，故造成較低之濺鍍功率下其膜厚較薄。當濺鍍功率為 85 W 時其鍍率較 75 W 略為下降 (3.44 nm/min)，推測因濺射出之靶材分子能量較高，待其沉積至基材表面時對於薄膜再進行轟擊造成其厚度下降，此過程稱之為再濺射 (re-sputter)。

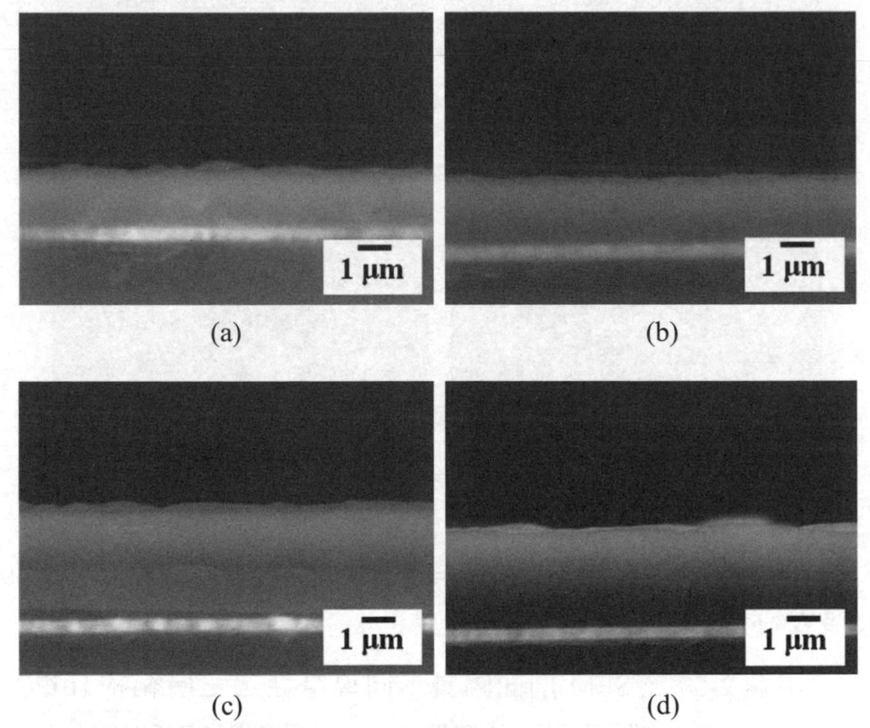

▲ 圖 2-50　LiPON 薄膜於不同濺鍍功率製備之 SEM 剖面圖，(a) 55 W；(b) 65 W；(c) 75 W；(d) 85 W

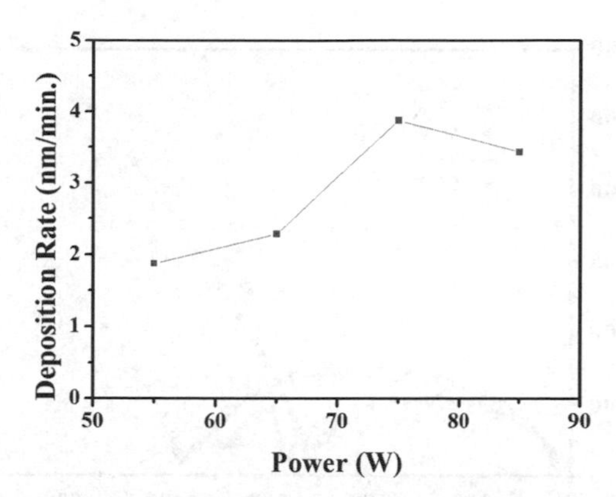

▲ 圖 2-51 LiPON 薄膜於不同濺鍍功率製備之鍍率曲線圖

圖 2-52 爲不同濺鍍功率下製備之 LiPON 薄膜 XRD 圖譜，2θ 約爲 40° 與 69° 具二繞射峰，其分別代表基材鉑金屬與矽基板之訊號，故 LiPON 薄膜爲非晶相之結構。

圖 2-53 爲不同濺鍍功率製備之 LiPON 薄膜其離子電導率，圖 2-54 至 2-57 爲各別濺鍍功率製備之 LiPON 薄膜，其不同溫度下之阻抗分析圖與阿瑞尼士曲線圖，表 2-8 與圖 2-58 則分別爲不同濺鍍功率製備之 LiPON 薄膜之離子電導率與活化能歸納表與曲線圖。

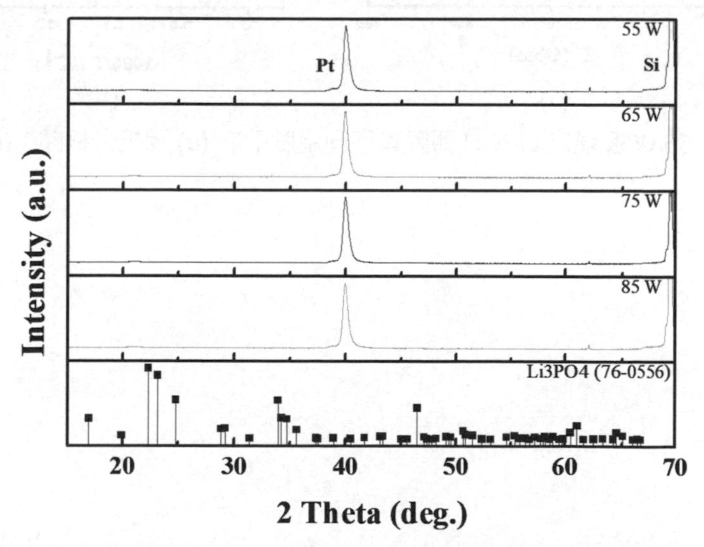

▲ 圖 2-52 LiPON 薄膜於不同工作壓力製備之 XRD 繞射圖譜

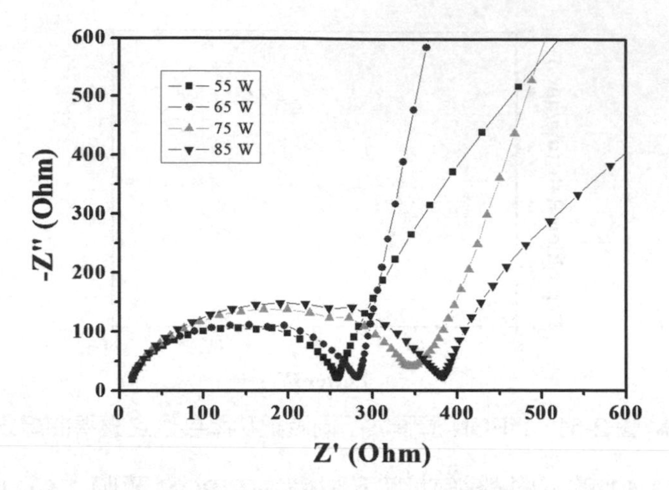

▲ 圖 2-53　LiPON 薄膜於不同工作壓力製備之阻抗分析圖

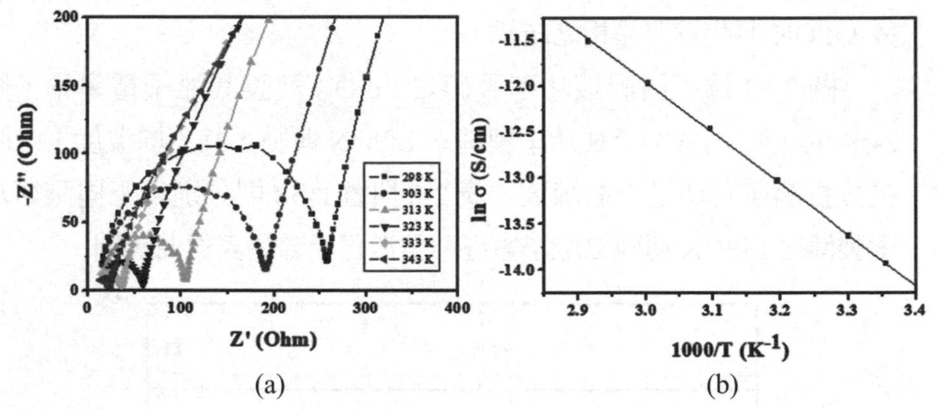

▲ 圖 2-54　55 W 製備之 LiPON 薄膜其不同溫度下之 (a) 阻抗分析圖；(b) 阿瑞尼士曲線圖

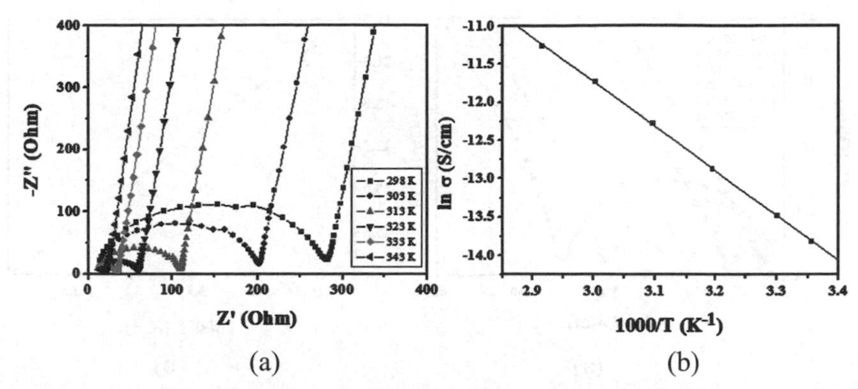

▲ 圖 2-55 65 W 製備之 LiPON 薄膜其不同溫度下之 (a) 阻抗分析圖；(b) 阿瑞尼士曲線圖

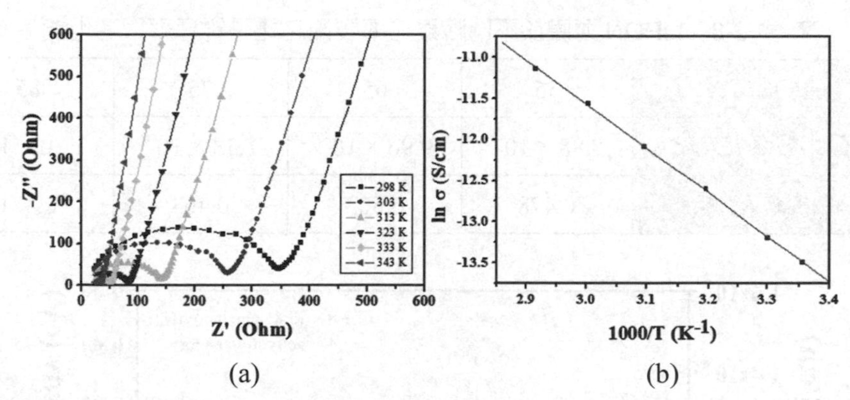

▲ 圖 2-56 75 W 製備之 LiPON 薄膜其不同溫度下之 (a) 阻抗分析圖；(b) 阿瑞尼士曲線圖

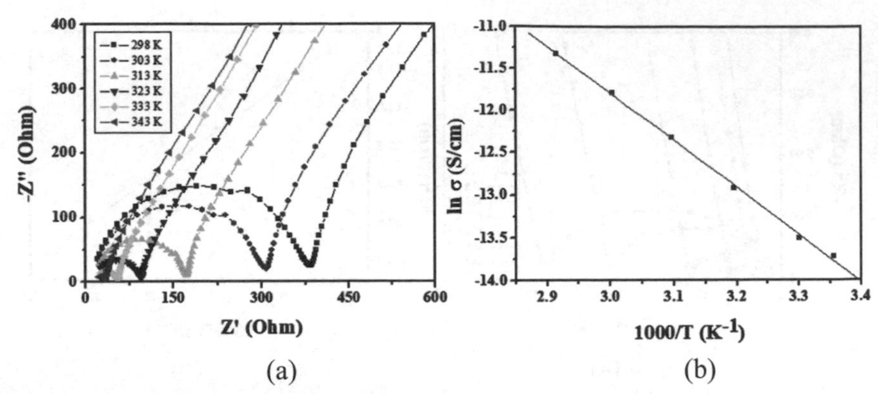

▲ 圖 2-57　85 W 製備之 LiPON 薄膜其不同溫度下之 (a) 阻抗分析圖；(b) 阿瑞尼士曲線圖

▼ 表 2-8　LiPON 薄膜於不同濺鍍功率製備之離子電導率與活化能

濺鍍功率 (W)	55	65	75	85
離子電導率 (S/cm)	8.88×10^{-7}	9.96×10^{-7}	1.38×10^{-6}	1.10×10^{-6}
活化能 (eV)	0.478	0.503	0.464	0.481

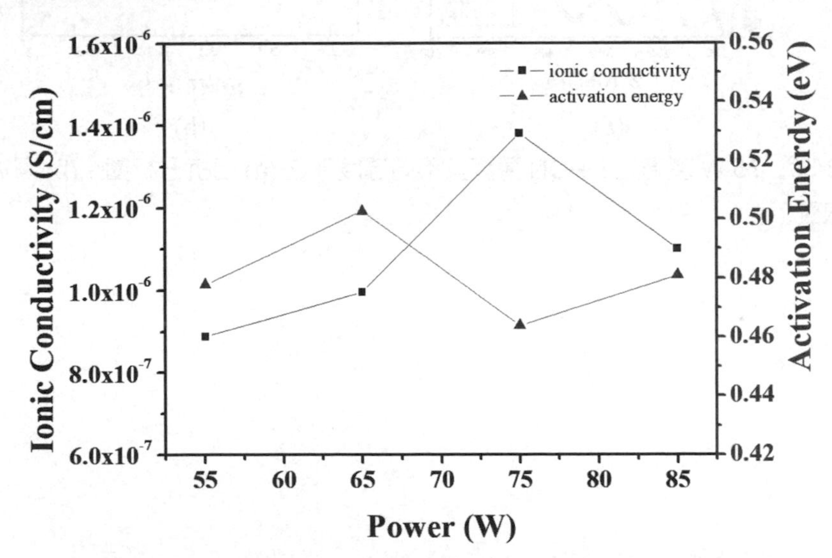

▲ 圖 2-58　LiPON 薄膜於不同濺鍍功率之離子電導率與活化能曲線圖

本小節以 XPS 鑑定不同濺鍍功率對 LiPON 薄膜離子電導率之影響。XPS 全譜圖得知薄膜之氮原子相對磷原子含量 (N/P)，如圖 2-59 所示。N/P 比例將隨著濺鍍功率增強而提升，於 75 W 即達飽和，如表 2-9 所示。此趨勢與離子電導率大致相符，越多氮原子取代 Li_3PO_4 靶材之氧原子形成越多磷氮鍵時，LiPON 薄膜之離子電導率越高。進一步比較濺鍍功率 85 W 下薄膜之離子電導率較 65 W 高，然 85 W 下薄膜之 N/P 比例卻較低，故以 XPS 針對氮原子進行細掃觀測其配位環境，如圖 2-60 所示，可發現三重鍵結氮相對雙重鍵結氮含量 (－N＜/－N＝) 隨著濺鍍功率提升而提升，如表 2-9 所示。當濺鍍功率越高時電漿中氮離子具足夠之動能，轟擊 Li_3PO_4 靶材將使其較多磷氧鍵斷裂形成三重鍵結氮。此外亦發現 85 W 下薄膜之三重鍵結氮相對磷原子含量 (－N＜/P) 較 65 W 高，故其離子電導率較高。

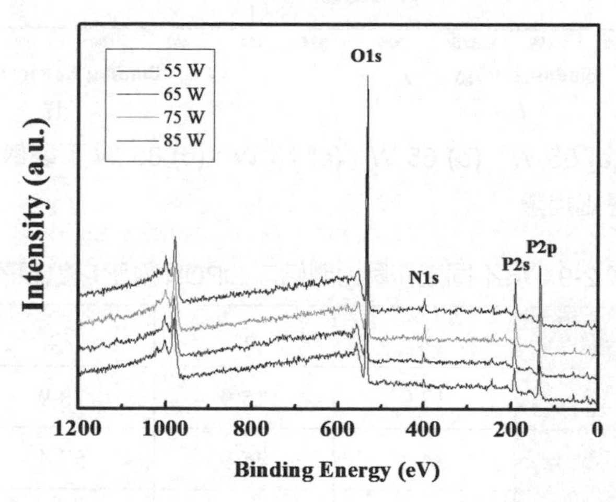

▲ 圖 2-59 於不同功率下製備之 LiPON 薄膜其 XPS 全譜圖

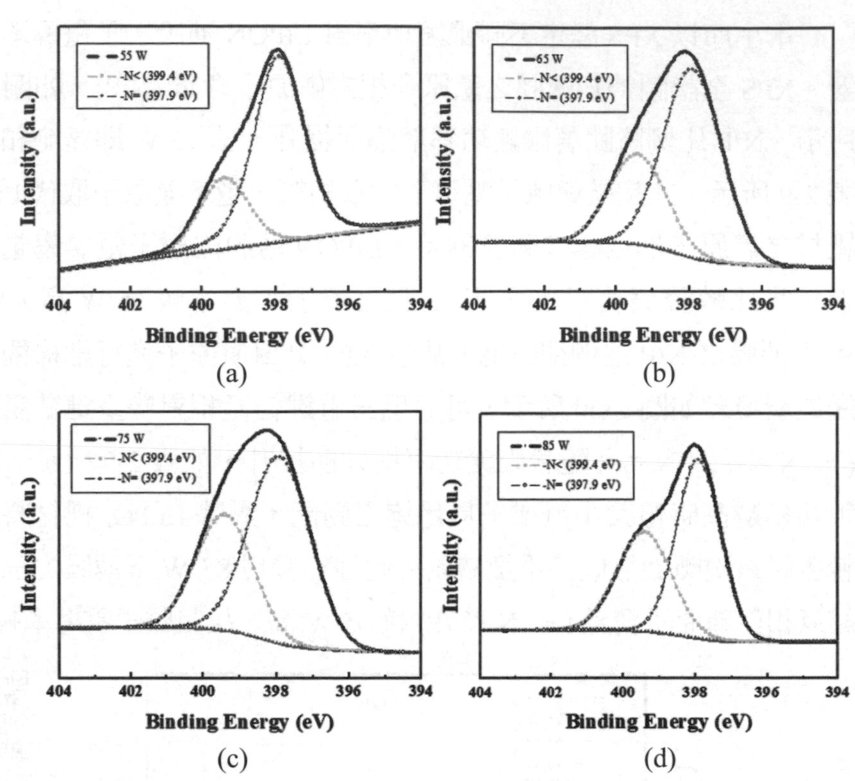

▲ 圖 2-60　於 (a) 55 W；(b) 65 W；(c) 75 W；(d) 85 W 下製備之 LiPON 薄膜其 XPS 對氮原子細掃譜

▼ 表 2-9　於不同工作壓力製備之 LiPON 薄膜之氮原子含量

濺鍍功率 (W)	55	65	75	85
N/P(%)	17.9	25.9	38.9	21.8
－N＜/－N＝(%)	34.3	45.9	57.4	68.3
－N＜/P(%)	6.14	11.9	22.3	14.9

3. LiPON 固態電解質薄膜之最佳製程參數

本小節藉調控不同製備條件包含工作壓力 (5 ～ 13 mtorr) 與濺鍍功率 (55 ～ 85 W)，其中最佳製程參數爲工作壓力爲 5 mtorr 與濺鍍功率爲 75 W，於此條件所製備之 LiPON 固態電解質薄膜其離子電導率爲 1.38×10^{-6} S/cm。

2-3-3 薄膜鋰離子電池組裝

於此以多層膜 (multilayer) 之矽 / 石墨烯複合材料 (Si/graphene composite) 作陽極組裝薄膜鋰離子全電池，其電池結構爲 Si/graphene/LiPON/ 液態電解質 /$LiCoO_2$。陰極材料製程爲於鈕扣電池墊片以射頻磁控濺鍍技術沉積 $LiCoO_2$ 薄膜，參數爲 120 W 與 20 mtorr (Ar/O_2 氣體流速爲 12/8)，並於空氣中加熱至 520°C 退火 20 分鐘。陽極材料製程則爲於銅箔以電子束蒸鍍技術製備 5 層 Si/graphene 複合材料，並於其表面以射頻磁控濺鍍技術沉積 LiPON 薄膜，最後以液態電解質組裝鈕扣電池測試其電化學表現。

比較於 Si/graphene 複合材料表面沉積 LiPON 薄膜之影響，如圖 2-61 所示。電流密度爲 10 $\mu Ah/cm^2$ 進行充放電測試，不具 LiPON 薄膜之全電池其首圈放電電容量爲 38.7 $\mu Ah/cm^2 \cdot \mu m$。然第次圈放電電容量則因使用液態電解質於電極表面生成 SEI，使其電容量衰退至 21.8 $\mu Ah/cm^2 \cdot \mu m$。而具 LiPON 薄膜之全電池其首圈放電電容量爲 109.9 $\mu Ah/cm^2 \cdot \mu m$。此外 LiPON 薄膜有助於防止 SEI 形成，將大幅降低不可逆之電容量衰退。此全電池待充電至 4.2 V 後，將可應用於點亮發光二極體 (Light-Emitting Diode, LED)，如圖 2-61 內小圖所示。

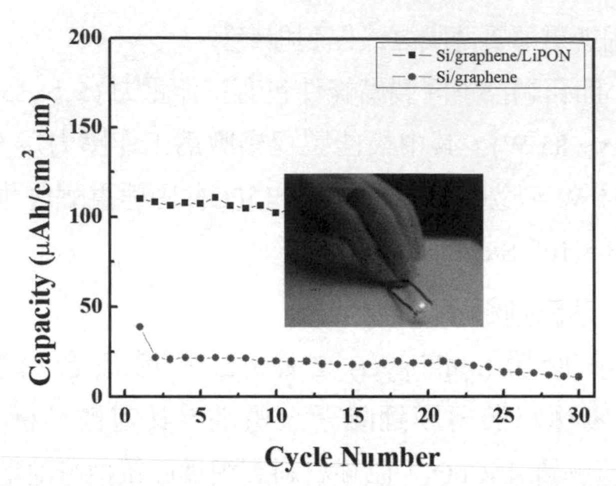

▲ 圖 2-61　以多層膜 Si/graphene 複合材料作為陽極之全電池其充放電循環壽命圖

2-3-4　於陽極與電解質界面蒸鍍碘化鋰 (Lithium Iodide, LiI) 薄膜

碘化鋰 (LiI) 與鋰金屬接觸之化學穩定性強，且爲離子導體。故本小節於 LiPON 之陽極界面上分別蒸鍍 2 nm、5 nm 與 10 nm 之碘化鋰作爲人工固態電解質層。探討不同厚度之碘化鋰對全電池之電性影響。當碘化鋰厚度爲於 15 nm 以上因其阻抗過大無法進行充放電。

圖 2-62 爲含不同厚度碘化鋰之固態電池充放電圖。於圖 2-63 中可發現於 5 nm 之碘化鋰蒸鍍於 LiPON 與 Li 金屬接面上，有較好之庫倫效率。其第一圈庫倫效率可提升至 81%。由圖 2-64 可見含不同厚度碘化鋰人工固態電解質界面層之全電池放電電容皆高於未蒸鍍碘化鋰之電池。

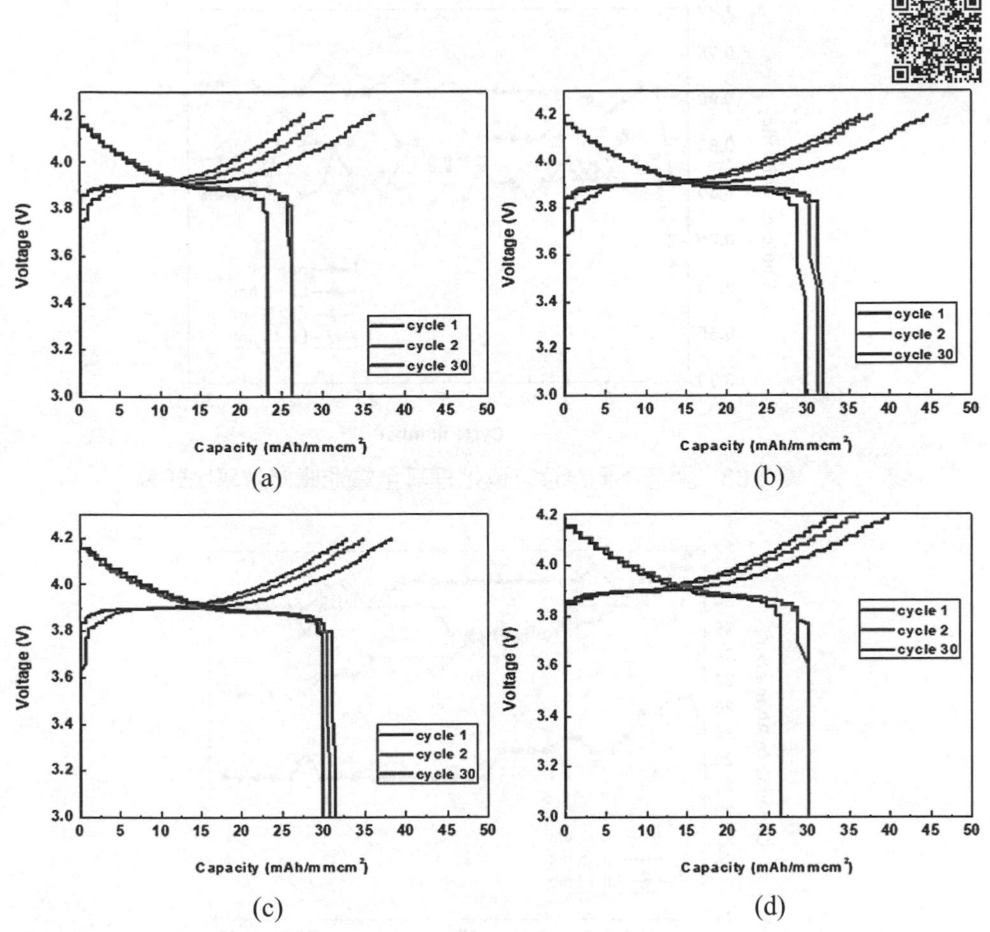

▲ 圖 2-62 碘化鋰厚度為 (a) 0 nm；(b) 2 nm；(c) 5 nm；(d)10 nm 之全電池充放電圖

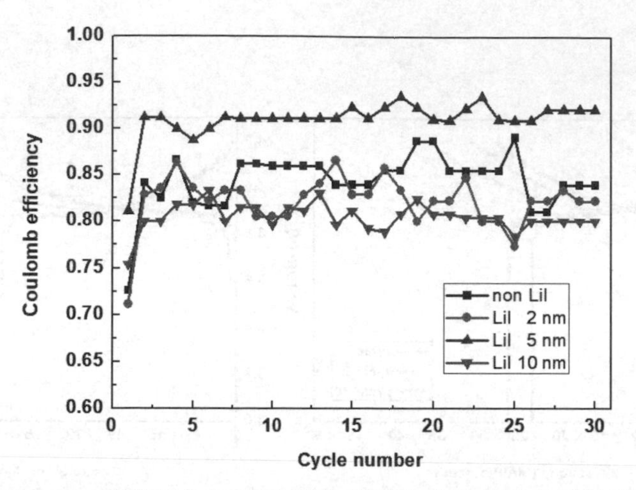

▲ 圖 2-63 蒸鍍不同厚度之碘化鋰其全電池庫倫效率比較圖

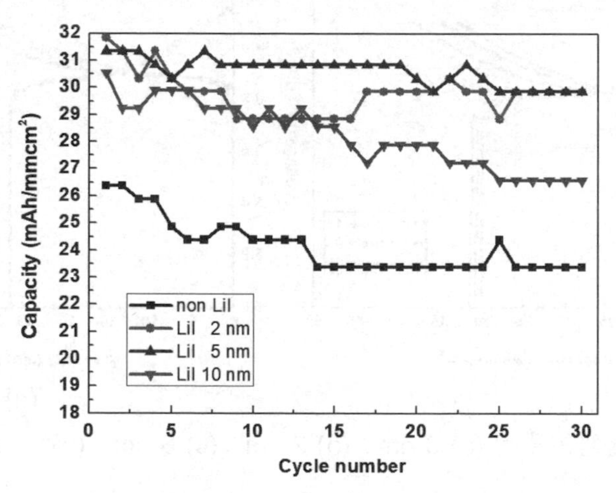

▲ 圖 2-64 蒸鍍不同厚度之碘化鋰其全電池放電電容量比較圖

圖 2-65 為樣品之 TEM 觀測結果。經薄膜偵測計算圖 2-65(a) 為設定蒸鍍 5 nm 厚之 LiI，圖 2-65(b) 為設定蒸鍍厚度 2 nm 之 LiI。由 TEM 觀察得知 LiI 已均勻蒸鍍於 LiPON 上，且其實際厚度分別為 4.5 nm 與 2.9 nm。此一結果證實 LiI 之實際厚度與薄膜偵測計換算相當接近。

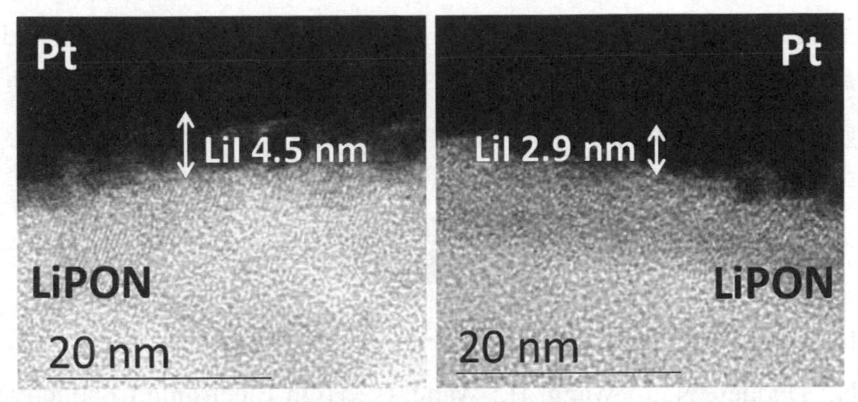

▲ 圖 2-65 蒸鍍不同厚度之碘化鋰之 TEM 圖

2-4 結論

本節以射頻磁控濺鍍技術成功沉積固態電解質 LiPON 薄膜、陰極材料 $LiCoO_2$ 薄膜與蒸鍍界面 LiI 薄膜，針對各材料結論如下：

1. 調控 $LiCoO_2$ 薄膜製程之不同參數，如退火溫度、時間、工作壓力、氬氣相對氧氣之氣體流速等。退火後以 XRD 鑑定發現 $LiCoO_2$ 薄膜皆呈 (101) 與 (104) 優選方向。濺鍍功率 120 W 與相對氣體流速爲 12/8 下，以 20 mtorr 與 25 mtorr 沉積之 $LiCoO_2$ 薄膜具較佳之電化學表現。而以 20 mtorr 製備之薄膜於較少循環下可提供較高電容量。然以 25 mtorr 製備之薄膜則具較佳電化學壽命表現。
2. 調控 LiPON 薄膜製程之工作壓力與濺鍍功率。以 XRD 鑑定發現 LiPON 薄膜皆爲非晶相結構。濺鍍功率 75 W 與工作壓力 5 mtorr 下沉積之 LiPON 薄膜具最佳之離子電導率 (1.4×10^{-6} S/m)。以 XPS 鑑定發現此薄膜之氮、磷原子相對含量與三重鍵結氮、磷原子相對含量皆最高，故其電化學表現最佳。

3. 蒸鍍 LiI 爲人工 SEI，於 LiPON 與鋰金屬界面蒸鍍不同厚度之 LiI，發現蒸鍍厚度 5 nm 之樣品於循環充放電測試中具最佳表現，使首圈庫倫效率從 72% 提升至 82%。

參考文獻

(1) Han, F.; Westover, A. S.; Yue, J.; Fan, X.; Wang, F.; Chi, M.; Leonard, D. N.; Dudney, N. J.; Wang, H.; Wang, C., High Electronic Conductivity as the Origin of Lithium Dendrite Formation Within Solid Electrolytes. Nat. Energy 2019, 4, 187–196.

(2) Tsai, C.-L.; Roddatis, V.; Chandran, C. V.; Ma, Q.; Uhlenbruck, S.; Bram, M.; Heitjans, P.; Guillon, O., $Li_7La_3Zr_2O_{12}$ Interface Modification for Li Dendrite Prevention. ACS Appl. Mater. Interfaces 2016, 8, 10617–10626.

(3) Via, G. H.; Sinfelt, J. H.; Lytle, F. W., Extended X-ray Absorption Fine Structure (EXAFS) of Dispersed Metal Catalysts. J. Chem. Phys. 1979, 71, 690.

(4) Fay, M. J.; Proctor, A.; Hoffmann, D. P.; Hercules, D. M., Unraveling EXAFS Spectroscopy. Anal. Chem. 1988, 60, 1225A–1243A.

(5) Bates, J. B.; Dudney, N. J.; Neudecker, B. J.; Hart, F. X.; Jun, H. P.; Hackney, S. A., Preferred Orientation of Polycrystalline $LiCoO_2$ Films. J. Electrochem. Soc. 2000, 147, 59–70.

(6) Kim, H.-K.; Yoon, Y. S., Characteristics of Rapid-Thermal-Annealed $LiCoO_2$ Cathode Film for an All-Solid-State Thin Film Microbattery. J. Vac. Sci. Technol. A 2004, 22, 1182.

(7) Park, H.; Nam, S.; Lim, Y.; Choi, K.; Lee, K.; Park, G.; Kim, J.; Kim, H.; Cho, S., $LiCoO_2$ Thin Film Cathode Fabrication by Rapid Thermal Annealing for Micro Power Sources. Electrochim. Acta 2007, 52, 2062–2067.

(8) Yoon, Y. S.; Lee, S. H.; Cho, S. B.; Nam, S. C., Influence of Two-Step Heat Treatment on Sputtered Lithium Cobalt Oxide Thin Films. J. Electrochem. Soc. 2011, 158, A1313.

(9) Kim, W.-S., Characteristics of $LiCoO_2$ Thin Film Cathodes According to the Annealing Ambient for the Post-Annealing Process. J. Power Sources 2004, 134, 103–109.

(10) Perkins, J. D.; Bahn, C. S.; McGraw, J. M.; Parilla, P. A.; Ginley, D. S., Pulsed Laser Deposition and Characterization of Crystalline Lithium Cobalt Dioxide, ($LiCoO_2$) Thin Films. J. Electrochem. Soc. 2001, 148, A1302–A1312.

(11) Chen, C. J.; Mori, T.; Jena, A.; Lin, H. Y.; Yang, N. H.; Wu, N. L.; Chang, H.; Hu, S. F.; Liu, R. S., Optimizing the Lithium Phosphorus Oxynitride Protective Layer Thickness on Low-Grade Composite Si-Based Anodes for Lithium-Ion Batteries. ChemistrySelect 2018, 3, 729–735.

(12) Bunker, B. C.; Tallant, D. R.; Balfe, C. A.; Kirkpatrick, R. J.; Turner, G. L.; Reidmeyer, M. R., Structure of Phosphorus Oxynitride Glasses. J. Am. Ceram. Soc. 1987, 70, 675–681.

(13) Hu, Z. Q.; Li, D. Z.; Xie, K., Influence of Radio Frequency Power on Structure and Ionic Conductivity of LiPON Thin Films. Bull. Mat. Sci. 2008, 31, 681–686.

(14) Roh, N.-S.; Lee, S.-D.; Kwon, H.-S., Effects of Deposition Condition on the Ionic Conductivity and Structure of Amorphous Lithium Phosphorus Oxynitrate Thin Film. Scr. Mater. 1999, 42, 43–49.

(15) Hamon, Y.; Douard, A.; Sabary, F.; Marcel, C.; Vinatier, P.; Pecquenard, B.; Levasseur, A., Influence of Sputtering Conditions on Ionic Conductivity of LiPON Thin Films. Solid State Ionics. 2006, 177 , 257–261.

3 石榴石型固態電解質

3-1 摘要

現今商用鋰離子電池多用膠態或液態電解質。液態電解質之離子電導率高，然其存在爆炸與漏液之風險。三星 Galaxy Note7 因手機電池短路造成多起爆炸事件後，安全性於鋰離子電池之研究中立即躍至首位。固態電解質具安全性高之優勢，受產業界與學術界廣泛關注。故本章重點探討石榴石型固態電解質之合成。

本章乃藉固態反應法合成固態電解質鋰鑭鋯氧 ($Li_7La_3Zr_2O_{12}$, LLZO)、鋰鑭鋯鉭氧 ($Li_{6.75}La_3Zr_{1.75}Ta_{0.25}O_{12}$, LLZTO) 與鋰鋇鑭鋯鉭氧 ($Li_{6.8}Ba_{0.05}La_{2.95}Zr_{1.75}Ta_{0.25}O_{12}$, LBLZTO)。比較其離子電導率證明鋇、鉭摻雜可提升固態電解質之離子電導率。將固態電解質與鋰金屬負極、磷酸鋰鐵正極組成固態電池進行充放電測試，發現使用鋇、鉭摻雜之固態電解質之電池放電容量可達 150 mAh/g。

3-2 實驗步驟與儀器原理

因第二章已介紹大部分之儀器，如 XRD、XAS、XPS 等原理，故本章將不再敘述重複之儀器。

3-2-1 結構精算 (Rietveld refinement)

結構精算之概念於 Hugo Rietveld 於 1967 年提 [1]，其藉理論計算方式描述晶體結構，並運用至中子粉末繞射 (neutron powder diffraction, NPD) 與 X 光繞射樣品。藉中子粉末與 X 光繞射圖譜得特定位置之反射強度峰值，並藉其反射之高度、寬度與位置進行結構精算。

峰形 (peak shape) 受光束性質、實驗佈局、樣品尺寸與形狀影響。中子樣品可藉高斯函數 (Gaussian function) 精算繞射訊號之峰形，並由下式表示角度位置 $2\theta_i$ 貢獻於形貌 y_i 之關係式

$$y_i = I_k \exp[\frac{-4\ln(2)}{H_k^2}(2\theta_i - 2\theta_k)^2] \quad (3\text{-}1)$$

H_k 為特徵峰之半高寬，$2\theta_k$ 為量測角度中心位置，I_k 則為反射之計算強度。繞射時，峰寬之變化隨繞射角關係式為：

$$(\text{FWHM})_k = U\tan^2\theta_k + V\tan\theta_k + W \quad (3\text{-}2)$$

FWHM 為半高寬 (full width at half maximum)，U、V 與 W 則為結構精算圖之可動參數。

綜合以上要素配合儀器參數 (如光源波長等)、空間群、原子組合 (有無元素摻雜)、原子位置、原子占有率、熱振動參數、晶格參數等，結合程式內建之空間群資料，配合晶體基礎結構 cif 檔方可進行結構精算。

結構精算時，須輸入以下資訊：

1. 所有結構精算參數初始值設定所有儀器參數與波長
2. 設定摻雜元素與佔有率

經計算後可得以下資訊：

1. 晶格常數
2. 元素位置、占有率與熱振動參數

3. 計算數據與實驗數據差值
4. 環境輻射背景值
5. 波形參數 U、V 與 W

而結構精算數據品質自以下資訊決定：

1. 數據點與計算值之差 $y_i(\text{obs}) - y_i(\text{calculation})$，曲線起伏越平意爲精算結果與實驗數據越接近。
2. R 因子越小及實驗與精算結果越接近：

$$R_p = \frac{\sum_i |y_i(\text{obs}) - y_i(\text{calculation})|}{\sum_i y_i(\text{obs})} \tag{3-3}$$

3. 加權 R 因子越小及實驗與精算結果越近：

$$R_{wp} = \frac{\sum_i w_i(y_i(\text{obs}) - y_i(\text{calculation}))^2}{\sum_i w_i y_i(\text{obs})^2} \tag{3-4}$$

4. GOF(goodness of fit) 值應介於 1 與 3 之間，數值越接近 1 則精算結果與實際結構越接近。

3-2-2 固態核磁共振儀 (solid state nuclear magnetic resonance, SSNMR)

傳統溶液核磁共振因快速隨機翻轉使其平均各向異性核磁共振交互作用 (anisotropic NMR interactions) 劇烈，光譜由一系列尖銳峰組成。固態核磁共振圖譜相當廣泛，圖譜上可觀測完整取向依賴性 (orientation-dependent) 交互作用影響或各向異性，如圖 3-1 所示其溶液與固態碳之核磁共振圖譜。

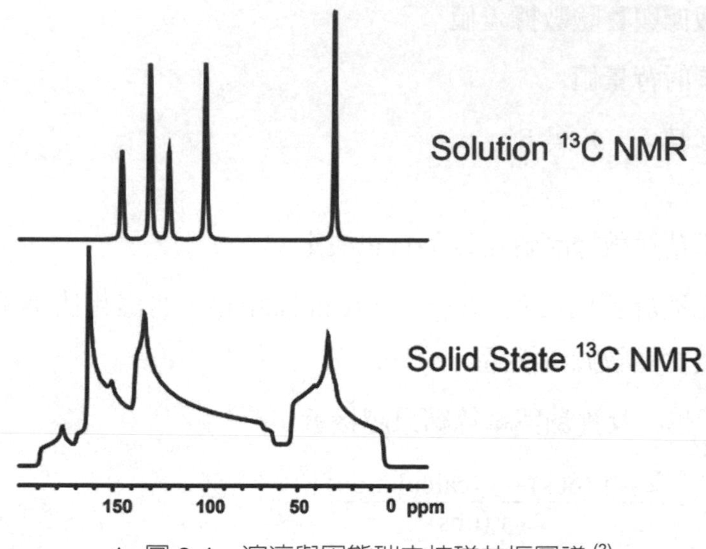

▲ 圖 3-1　溶液與固態碳之核磁共振圖譜 (2)

固態核磁共振為使各向異性核磁共振交互作用最小化，科學家提出幾種方法，如交叉極化 (Cross Polarization) 與魔角旋轉 (Magic-angle-spin)。

交叉極化 (Cross Polarization) 乃為固態核磁共振最重要技術之一，其藉極化方式使高自旋之 ^{1}H 或 ^{19}F 轉化成低自旋如 ^{13}C 或 ^{15}N，以提升 NMR 訊號，關係式為 γ_I/γ_S，γ_I 為高自旋 γ_S 為低自旋。圖 3-2 為 ^{1}H 受質子 (π/2) 脈衝影響使其自旋鎖定，並解耦固定為 ^{13}C 獲得訊號。交叉極化亦與樣品進行魔角旋轉同時進行並降低其各向異性核磁共振交互作用，稱為交叉極化魔角旋轉核磁共振 (cross polarization magic-angle-spin solid state nuclear magnetic resonance, CPMASNMR)。固態核磁共振目前受廣泛應用，本章應用固態核磁共振儀 BRUKER AVIII 600 WB SSNMR 量測 ^{7}Li 之化學位移，並進行元素含量探討。

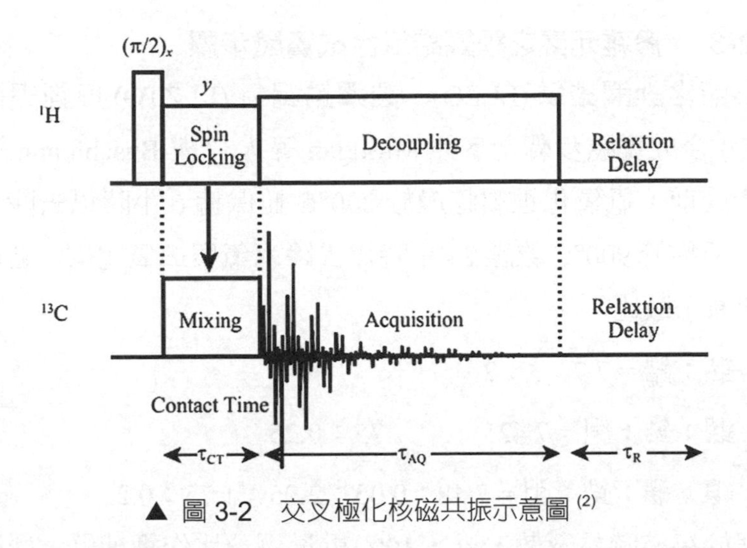

▲ 圖 3-2 交叉極化核磁共振示意圖 [2]

魔角旋轉固態核磁共振 (magic-angle-spin solid state nuclear magnetic resonance)，如圖 3-3 所示。將樣品與磁場相交 54.74 度進行旋轉，使得 $B_0 - 3\cos\theta - 1 = 0$，其 B_0 爲原始磁場，$3\cos\theta - 1$ 爲磁耦極與化學屏蔽作用影響之關係式，魔角旋轉須大於或等於此角度方使平均各向異性爲零。降低各向異性後，樣品以粉末狀緊密置入轉子中，以 1 至 35 千赫茲頻率旋轉後進行量測。

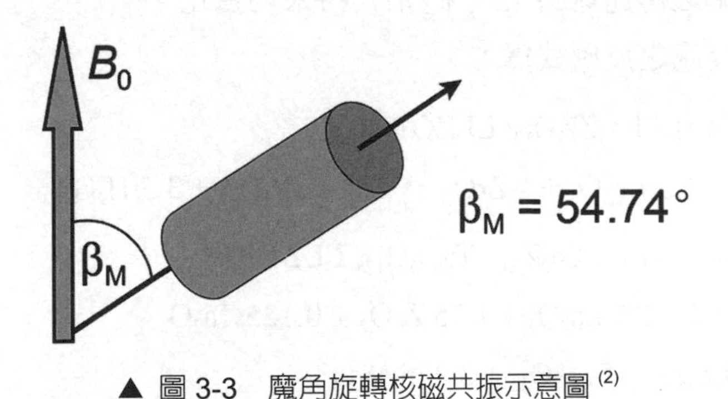

▲ 圖 3-3 魔角旋轉核磁共振示意圖 [2]

3-2-3　摻雜元素之鋰鑭鋯氧合成實驗步驟

本小節之鋰鑭鋯氧 (LLZO)、鋰鑭鋯鉭氧 (LLZTO) 與鋰鋇鑭鋯鉭氧 (LBLZTO) 合成實驗步驟乃參照 Murugan 等人 [3] 與 Buschmann 等人 [4] 之方法。合成前，氫氧化鋰須乾燥於 200°C 並保持 6 小時以去除水氣，氧化鑭則須另於 900°C 乾燥 24 小時以去除水氣與二氧化碳。合成時，各前驅物依原子數比

1. 鋰：鑭：鋯 = 7.7：3：2
2. 鋰：鑭：鋯：鉭 = 7.425：3：1.75：0.25
3. 鋰：鋇：鑭：鋯：鉭 = 7.48：0.05：2.95：1.75：0.25

因鋰於燒結時易蒸散，故多 10% 重量百分比作鋰補償，秤取氫氧化鋰、氧化鋇、氧化鑭、氧化鋯與氧化鉭。將藥品置於氧化鋯內襯之球磨罐，添入約總重雙倍之異丙醇，置入直徑 5 毫米之氧化鋯磨珠使球約爲球磨罐之 1/3 進行球磨，以每分鐘 300 轉球磨 12 小時，使各藥品混合成均勻漿料。此漿料置於氧化鋁坩鍋並於 70°C 乾燥 12 小時，再於 900°C 燒結 12 小時，得立方相之 LLZO、LLZTO 與 LBLZTO 粉末。燒結後須再以每分鐘 300 轉之轉速球磨 12 小時始其粉末均質化。

各燒結反應之反應式爲：

1. 鋰鑭鋯氧 ($Li_7La_3Zr_2O_{12}$, LLZO)

   $7\ LiOH + 1.5\ La_2O_3 + 2\ ZrO_2 \rightarrow Li_7La_3Zr_2O_{12} + 3.5\ H_2O$

2. 鋰鑭鋯鉭氧 ($Li_{6.75}La_3Zr_{1.75}Ta_{0.25}O_{12}$, LLZTO)

   $6.75\ LiOH + 1.5\ La_2O_3 + 1.75\ ZrO_2 + 0.125\ Ta_2O_5$

   $\rightarrow Li_{6.75}La_3Zr_{1.75}Ta_{0.25}O_{12} + 3.375\ H_2O$

3. 鋰鋇鑭鋯鉭氧 ($Li_{6.8}Ba_{0.05}La_{2.95}Zr_{1.75}Ta_{0.25}O_{12}$, LBLZTO)

   $6.8\ LiOH + 0.05\ BaO + 1.475\ La_2O_3 + 1.75\ ZrO_2 + 0.125\ Ta_2O_5$

   $\rightarrow Li_{6.8}Ba_{0.05}La_{2.95}Zr_{1.75}Ta_{0.25}O_{12} + 3.4\ H_2O$

燒結並球磨所得之粉體，置入直徑 12 毫米之模具 (此模具內部需塗氮化硼酒精懸浮液於模具表面作潤滑劑以便脫模)，施力 20 公噸並脫模後得直徑 12 毫米且厚度 3 毫米之錠片。將錠片置於氧化鋁坩鍋，以錠片兩倍重之母體粉覆蓋錠片以防止燒結時鋰蒸散，於空氣中 900°C 燒結 4 小時後以 1100°C 燒結 12 小時 (僅 LLZO 爲 1230°C 燒結 12 小時)，得 LLZO、LLZTO 與 LBLZTO 之固態電解質錠片後進行去除母體粉與拋光。

3-2-4　正極極片

正極漿料乃參考 Du 等人 [5] 之配方，按磷酸鋰鐵：LiTFSI：KS6 導電碳黑：聚偏二氟乙烯 (PVDF) = 50：35：10：5 之重量比例混合。滴入適量 N- 甲基吡咯烷酮 (NMP) 作溶劑並研磨成黑色漿料，以塗佈機將其塗佈至鋁箔上。並將塗佈後之極板，置於眞空烘箱中以 80°C 乾燥 12 小時，取出並裁切成直徑 8 毫米之極片，以利電池組裝。

3-3　結果與討論

本節將比較鋰鑭鋯氧於摻雜元素前後之結構變化，以結構精算方式計算結構與晶格常數之變化，並藉電子顯微鏡觀察其晶貌與大小。

3-3-1　X 光繞射

LLZTO 使用不同鋰源 (碳酸鋰與氫氧化鋰) 合成，然而多數研究合成 LLZO 使用碳酸鋰爲鋰源。故本小節首先探討以不同鋰源 (氫氧化鋰、碳酸鋰) 合成 LLZTO 並作比較。圖 3-4 爲其 X 光繞射圖，以碳酸鋰爲鋰源合成時，將產生鑭鋯氧 ($La_2Zr_2O_7$) 雜項以 * 表示。鑭鋯氧爲典型原料合成不完全之雜項，Yaoyu 等人 [6] 闡述碳酸鋰合成反應溫度較氫氧化鋰高，故原料於液相合成時間不足，使碳酸鋰反應不完全致使其產生缺乏鋰之鑭鋯氧雜相。故本小節合成 LLZO、LLZTO 與 LBLZTO 皆使用氫氧化鋰作鋰源。

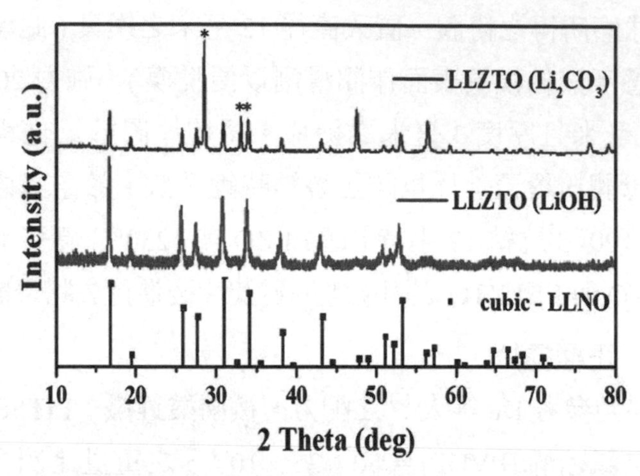

▲ 圖 3-4　不同鋰源合成鋰鑭鋯鉭氧 X 光繞射圖譜

鋰鑭鋯氧與多元素摻雜之鋰鑭鋯氧經 900°C 燒結 12 小時之 X 光繞射圖譜，如圖 3-5 所示。(7) 其中鋰鑭鋯氧 (LLZO) 因 900°C 燒結須額外添加 1wt% 氧化鋁以填補晶粒間縫隙形成立方相，產生之鋁鑭氧 ($AlLaO_3$) 雜相以 # 號表示。

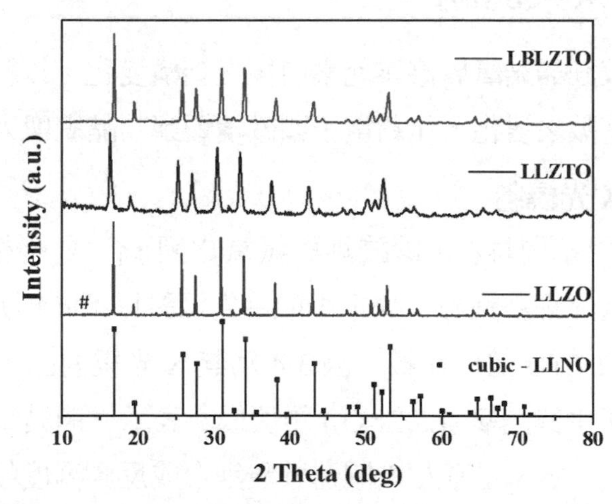

▲ 圖 3-5　LLZO、LLZTO 與 LBLZTO 之 X 光繞射圖譜 (7)

3-3-2 中子粉末繞射

本節藉 TOPAS 進行結構精算，於精算前導入基礎結構鋰鑭鈮氧 ($Li_7La_3Nb_2O_{12}$, LLNO) 之立方相 cif 檔，其空間群為 $I_{a\bar{3}d}$。空間群 230 號 $I_{a\bar{3}d}$ 具 m3m 點群之立方晶系，I 為體心立方，a 以 <1 0 0> 軸為滑移面作滑移反射，滑移反射為單位作鏡面反射後沿平行於鏡面方向移動，$\bar{3}$ 為以 <1 1 1> 方向為軸作 3 次旋轉後倒反，d 為 <1 1 0> 方向作對角滑移 d/2 距離，此結構單位晶格共含 96 個元素。

中子粉末繞射圖譜及結構精算結果如圖 3-6 與表 3-1 所示 [7]，以立方相 LLNO cif 檔作基礎結構精算，參數為：晶格常數、晶格體積、16a 鋯占有率、24c 鑭占有率、96h 氧座標及占有率、96 鋰座標及占有率與 24d 鋰占有率。結構精算指標 Rwp 為 8.48%，GOF 為 4.74，其精算結果可信度尚可接受。結構精算結果鋯與鑭占有率接近理論值 (占有比率為 1.000)，氧之精算座標位置亦與理論值接近，96h 鋰推測因其為扭曲六配位，鋰離子易於此結構中移動故其座標較理論不同。24d 鋰占有率為 0.36(5)，96h 鋰占有率為 0.351(28)，晶格常數依結構精算結果為 12.984(5) Å 接近理論值，精算後為標準立方相。

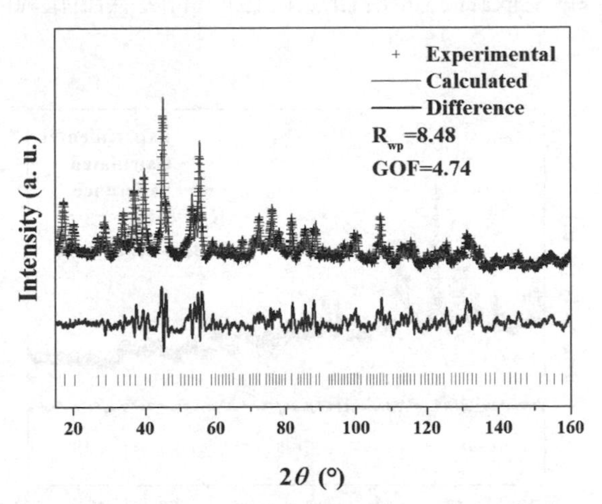

▲ 圖 3-6 鋰鑭鋯氧於中子粉末繞射圖譜與結構精算結果 [7]

▼ 表 3-1 鋰鑭鋯氧之結構精算結果 (7)

立方相原子	占有位	x	y	z	占有率
La^{3+}	24c	0.125	0	0.25	0.957(19)
Zr^{4+}	16a	0	0	0	0.994(30)
O^{2-}	96h	0.0984(6)	0.1944(6)	0.2797(5)	0.970(14)
Li^{+}	24d	0.375	0	0.25	0.36(5)
Li^{+}	96h	0.0964(26)	0.1901(27)	0.4162(26)	0.351(28)
R_{wp} = 8.48% GOF = 4.74			晶格常數：a = 13.014(1) Å 晶格體積：2204(1) $Å^3$		

摻雜鉭之鋰鑭鋯氧之中子粉末繞射圖譜及結構精算結果如圖 3-7 與表 3-2 所示 (7)，結構精算指標 R_{wp} 爲 2.82%，GOF 爲 1.71，精算結果可信度高。結構精算時氧之座標稍偏離理論值，占有率則接近理論值，鋯與鉭占有率相加接近 1，推測鉭摻雜令晶格常數與體積改變故使配位元素氧之座標偏離。96h 鋰之座標計算結果接近鋰鑭鋯氧，24d 鋰占有率爲 0.45(4)，96h 鋰爲 0.438(18)。晶格常數依結構精算結果爲 12.988(1) Å 小於鋰鑭鋯氧，因鉭之原子半徑較鋯小，鉭占於鋯位時則使其晶格縮小，精算後亦爲標準立方相。

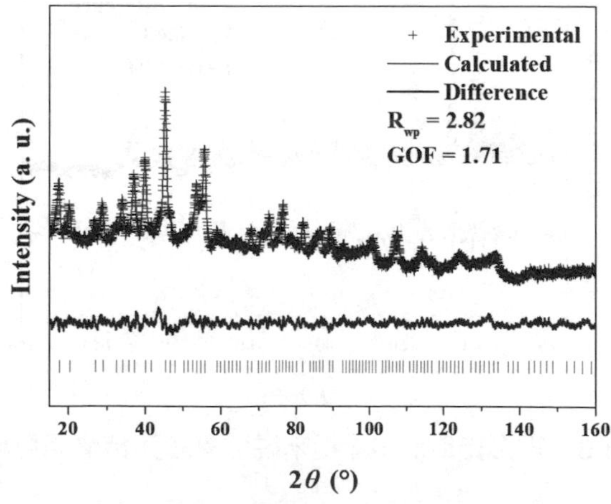

▲ 圖 3-7 鋰鑭鋯鉭氧於中子粉末繞射圖譜與結構精算結果 (7)

▼ 表 3-2 鋰鑭鋯鉭氧之結構精算結果 [7]

立方相原子	占有位	x	y	z	占有率
La^{3+}	24c	0.125	0	0.25	0.961(9)
Zr^{4+}	16a	0	0	0	0.857(8)
Ta^{5+}	16a	0	0	0	0.106(8)
O^{2-}	96h	0.1010(2)	0.1944(2)	0.2798(2)	0.949(6)
Li^{+}	24d	0.375	0	0.25	0.45(4)
Li^{+}	96h	0.1058(31)	0.1835(25)	0.4189(25)	0.438(18)
R_{wp} = 2.82% GOF = 1.71			晶格常數：a = 12.988(1) Å 晶格體積：2191(1) $Å^3$		

摻雜鋇與鉭之鋰鑭鋯氧，其同步輻射 X 光繞射圖譜及結構精算結果如圖 3-8 與表 3-3 所示 [7]，結構精算指標 R_{wp} 爲 2.14%，GOF 爲 1.72，精算結果可信度高。結構精算時鋯與鉭與鋇與鑭占有率相加接近 1，氧之座標推測因鋇之原子半徑較鑭大，鑭摻雜令晶格常數與體積增大使配位元素氧更加偏離，占有率則接近理論值，96h 鋰之座標計算結果接近鋰鑭鋯鉭氧，24d 鋰占有率爲 0.67(8)，96h 鋰爲 0.325(18)。晶格常數依結構精算結果爲 13.020(1) Å 大於鋰鑭鋯鉭氧，精算後爲標準立方相。

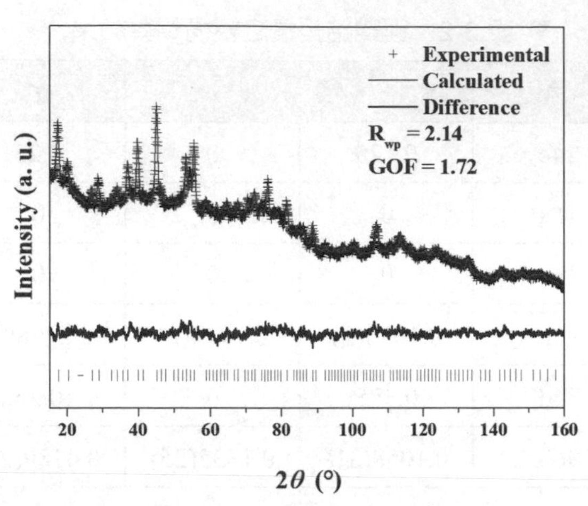

▲ 圖 3-8　鋰鋇鑭鋯鉭氧於中子粉末繞射圖譜與結構精算結果 (7)

▼ 表 3-3　鋰鋇鑭鋯鉭氧之結構精算結果 (7)

立方相原子	占有位	x	y	z	占有率
La^{3+}	24c	0.125	0	0.25	0.954(6)
Ba^{2+}	24c	0.125	0	0.25	0.072(10)
Zr^{4+}	16a	0	0	0	0.858(12)
Ta^{5+}	16a	0	0	0	0.152(12)
O^{2-}	96h	0.1010(4)	0.1932(4)	0.2781(3)	0.839(8)
Li^{+}	24d	0.375	0	0.25	0.67(8)
Li^{+}	96h	0.1118(18)	0.1981(17)	0.4150(16)	0.325(18)
R_{wp} = 2.14% GOF = 1.72			晶格常數：a = 13.020(1) Å 晶格體積：2207.5(4) $Å^3$		

3-3-3 X 光吸收光譜比較

圖 3-9 爲 LLZO、LLZTO、LBLZTO、鋯金屬與二氧化鋯之同步輻射 X 光近邊緣吸收光譜，自鋯 K-edge 收取數據，如表 3-4 所示。0 價鋯金屬與 4 價二氧化鋯之 K-edge 吸收能量分別爲 17998 eV 與 18004 eV。LLZO 爲 18003 eV、LLZTO 爲 18003 eV 與 LBLZTO 爲 18001 eV。可藉線性內插法推測鋰鑭鋯氧與鋰鑭鋯鉭氧爲 3.3 價，鋰鑭鋯鉭氧爲 2 價，價數低於理論價數。究其原因爲鋰離子之電負度低，對電子吸引力低，且 LBLZTO 鋰含量較高，故使 LBLZTO 晶體具較充沛之電子。

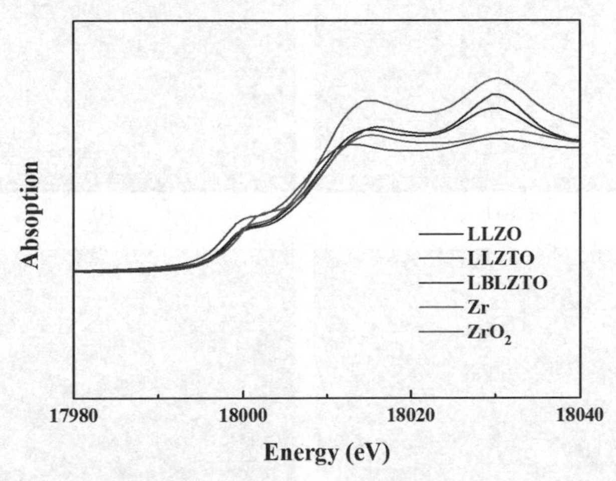

▲ 圖 3-9 LLZO、LLZTO、LBLZTO、鋯與二氧化鋯 X 光近邊緣吸收光譜

▼ 表 3-4 LLZO、LLZTO、LBLZTO、鋯與二氧化鋯 K-edge 吸收能量

	Zr	ZrO_2	LLZO	LLZTO	LBLZTO
Zr K-edge (eV)	17998	18004	18003	18003	18001

3-3-4 掃描式電子顯微鏡鑑定

圖 3-10 乃爲 LLZO、LLZTO 與 LBLZTO 錠片之掃描式電子顯微鏡影像 7，(a) 與 (b) 爲 LLZO 不同尺度形貌，(c) 與 (d) 爲 LLZTO 不同尺度形貌，(e) 與 (f) 爲 LBLZTO 不同尺度形貌。(a)、(c) 與 (e) 爲小倍率影像，

了解其表面孔隙率與晶界多寡，(b)、(d) 與 (f) 則爲大倍率影像鑑定顆粒形貌。LLZO 錠片稜角較明顯，晶粒 (bulk) 較大故其晶界 (grain boundary) 較少。LLZTO 形貌則較無稜角，似粉末聚合成型，整體晶粒較小，故晶界較多，晶粒大小不均勻則有效填補顆粒之間縫隙使相對密度提升，有效降低晶界阻抗。LBLZTO 則與 LLZTO 相似，晶粒大小較不均勻，且形貌較無稜角。

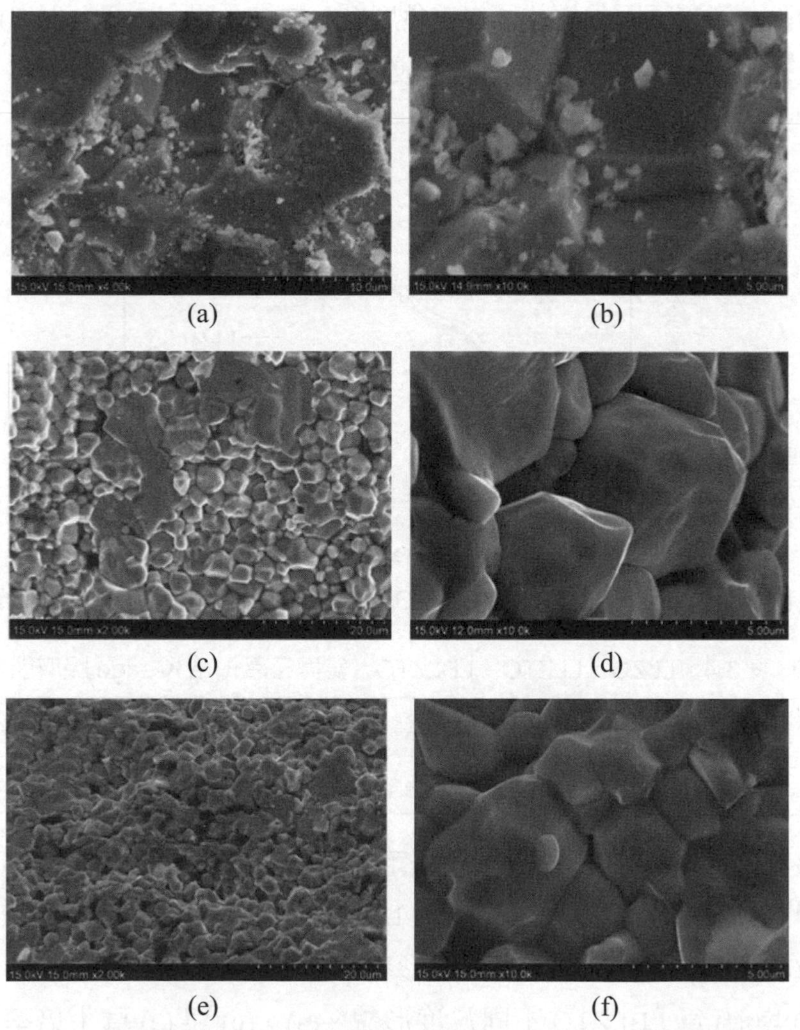

▲ 圖 3-10　(a) 與 (b) 為 LLZO；(c) 與 (d) 為 LLZTO；(e) 與 (f) 為 LBLZTO 不同尺度樣品形貌

3-3-5　多元素摻雜之鋰鑭鋯氧電化學分析

1.　交流阻抗測試

圖 3-11 為 LLZO、LLZTO 與 LBLZTO 交流阻抗圖[7]，其使用圖 3-12 之電路模擬圖進行阻抗擬合 (fitting)。其中 R1 為晶粒阻抗 (bulk)，R2 為顆粒界面阻抗 (grain boundary)，CPE1 為固態電解質贗電容。因實際擬合時，純電容難以進行擬合 (擬合圖形為純半圓)，故以贗電容替代純電容進行擬合，贗電容之阻抗 Z = 1/Q^alfa，Z 為具相位之阻抗，含實部與虛部，Q 為贗電容，alfa 為偏離指數，若其為 1 則 Q 為純電容，偏離 1 越遠則為贗電容特性越明顯。LLZO、LLZTO 與 LBLZTO 交流阻抗系統為：

Au | LLZO、LLZTO、LBLZTO | Au

本小節將固態電解質雙面鍍金並設定量測頻率範圍為 1MHz–0.1Hz，其頻率範圍無法準確探測多元素鋰鑭鋯氧之晶粒阻抗，故僅量測總阻抗，阻抗經計算後可得電導率，其關係式為：

$$\sigma = \frac{d}{ZA} \tag{3-5}$$

其中 d 為錠片厚度，Z 為總阻抗，A 為鍍金面積，電導率單位為 S/cm，S 為西門子等同於電阻倒數，表 3-5 為 LLZO、LLZTO 與 LBLZTO 總電導率數值。

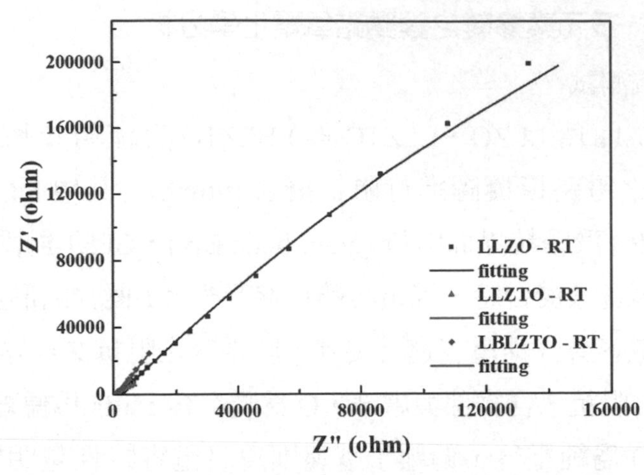

▲ 圖 3-11　LLZO、LLZTO 與 LBLZTO 電化學阻抗圖譜 (7)

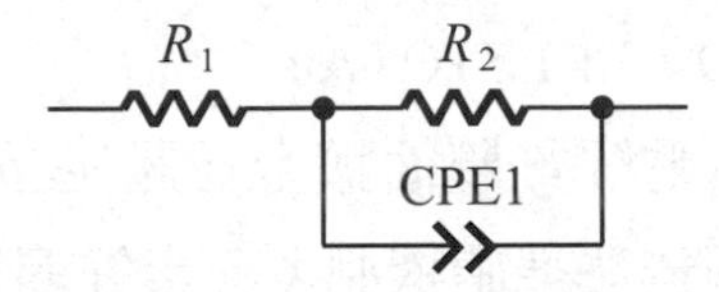

▲ 圖 3-12　擬合等效電路圖

▼ 表 3-5　LLZO、LLZTO 與 LBLZTO 電導率數值 (7)

	LLZO	LLZTO	LBLZTO
總電導率 (S/cm)	1.0×10^{-4}	1.05×10^{-4}	3.70×10^{-4}

2.　阿瑞尼士圖分析

圖 3-13 爲 LLZTO 與 LBLZTO 阿瑞尼士圖 (7)，本小節以 Au | LLZTO、LBLZTO | Au 系統進行變溫阻抗量測。自 20°C 開始，間隔 20°C 測量至 100°C，共計 5 數據點，並對此 5 數據點作線性回歸計算。LLZTO 與 LBLZTO 皆爲線性，R^2 爲線性因子，表示其線性程度，LLZTO 爲 0.75 較鋰鋇鑭鋯鉭氧低。並以線性回歸得斜率，且藉斜率計算活化能，活化能即表示鋰離子傳導所須能量，LBLZTO 活化能爲 0.26 eV，此值較 LLZTO 之 0.28 eV 低，表示 LBLZTO 鋰離子傳導較 LLZTO 容易，進而證明其離子電導率高於 LLZTO。

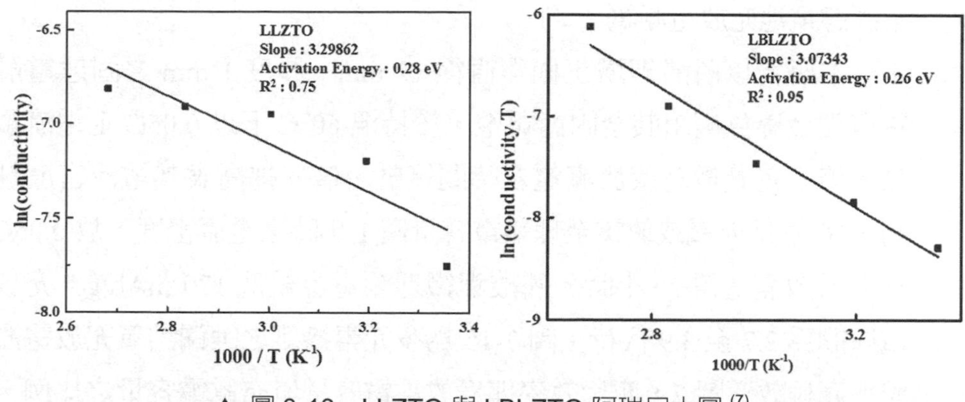

▲ 圖 3-13 LLZTO 與 LBLZTO 阿瑞尼士圖 [7]

3. 鋰 7 固態核磁共振分析

圖 3-14 爲 LLZO、LLZTO 與 LBLZTO 之鋰 7 固態核磁共振圖 [7]，可知不同電解質之鋰 7 化學位移值。LLZO、LLZTO 與 LBLZTO 之主要化學位移峰約爲 5 ppm，元素摻雜之化學位移量並無改變，半高寬爲 LLZO 最小，故知其鋰離子與周遭之元素鍵結較強，故鋰離子傳輸難易度爲 LLZO 最高，證實 LLZO 離子電導率較低，且元素摻雜後可提升離子電導率。

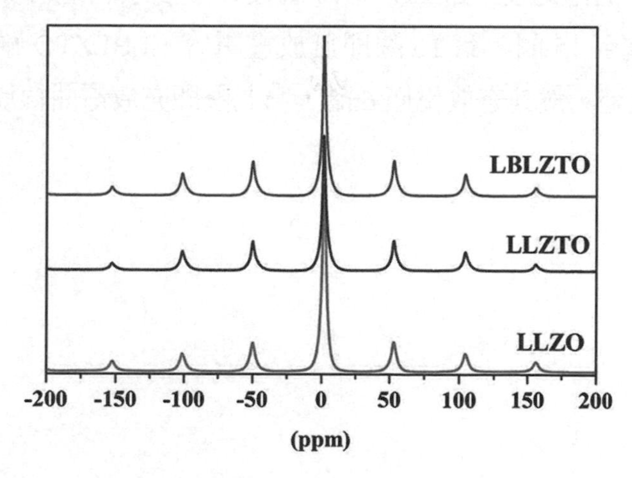

▲ 圖 3-14 LLZO、LLZTO 與 LBLZTO 之鋰 7 核磁共振圖譜 [7]

4. 全固態電池充放電測試

本研究以磷酸鋰鐵正極與直徑 12 mm，厚度 1 mm 之固態電解質與鋰金屬負極組裝全固態電池，於持溫 60°C 下以 0.05C 定電流量測。倍率定義爲充或放滿電之時間倒數，倍率越高表其電流密度越高，1C 意即充電或放電至理論電容量僅 1 小時之電流密度，故 0.05C 爲充或放滿電需 20 小時。磷酸鋰鐵理論電容量爲 170 mAh/g，充放電區間爲 2.7 至 3.9 伏特。圖 3-15 爲多元素摻雜之鋰鑭鋯氧充放電曲線與庫倫效率圖 7，庫倫效率即爲放電電容量與充電電容量之比例，亦爲能量轉換效率，庫倫效率越高表其能量轉換越完美。表 3-6 爲 LLZO、LLZTO 與 LBLZTO 之充放電相關數據 (7)，LLZO 首圈放電電容量僅爲 43.6 mAh/g，庫倫效率爲 61.6%，放電電容量與庫倫效率低。LLZTO 首圈放電電容量爲 139.6 mAh/g，庫倫效率爲 93.0%，電容量較 LLZO 高三倍，且庫倫效率第二圈後接近 100%。LBLZTO 首圈放電電容量爲 150.0 mAh/g，然庫倫效率爲 91.7%，庫倫效率第二圈之後爲 98% 左右，故其電容量衰退較 LLZTO 快。充放電圈數亦可表示其電池穩定性，LLZO 爲 10 圈後即無法順利進行充放，LLZTO 可充放電至 15 圈，第 16 圈即無放電電容，LBLZTO 雖具較佳之首圈放電電容，然其充放電僅 6 圈，第七圈即充放電曲線崩潰。

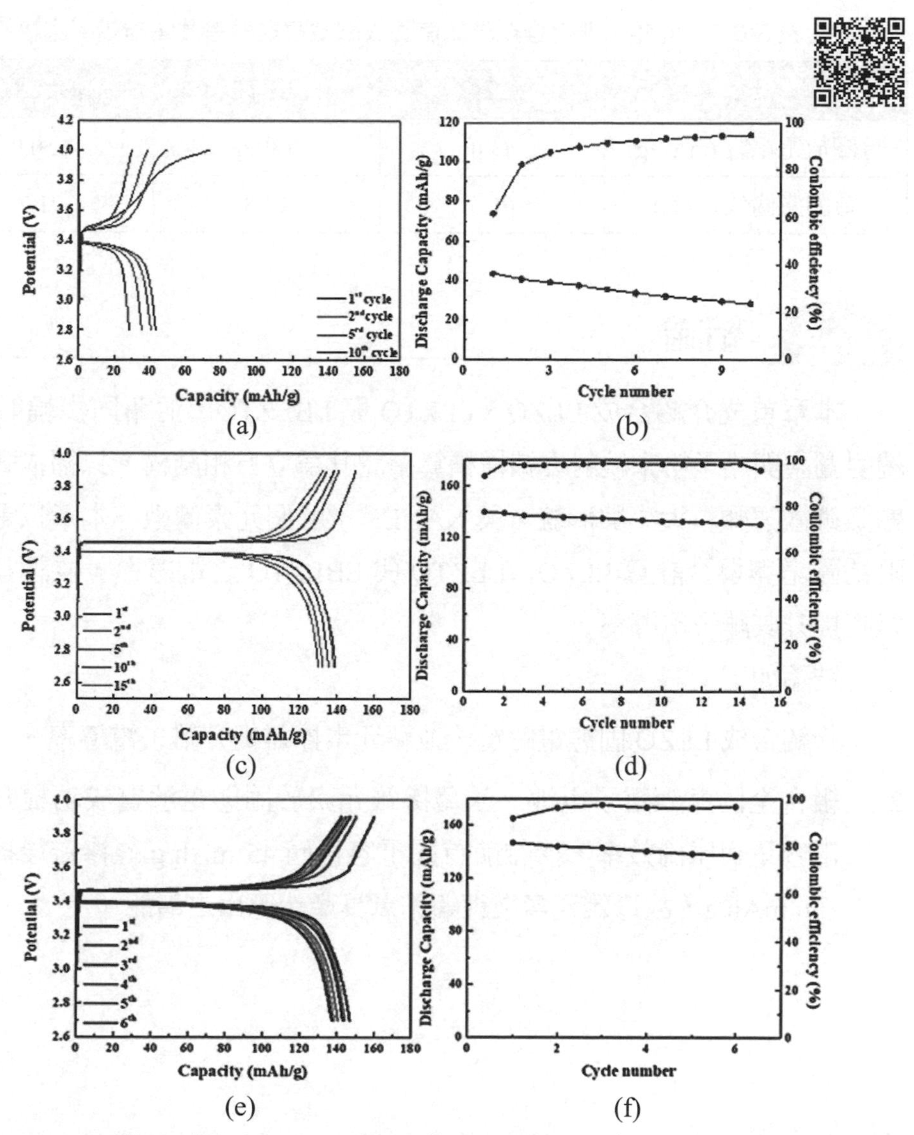

▲ 圖 3-15 (a) 與 (b) 為 LLZO；(c) 與 (d) 為 LLZTO；(e) 與 (f) 為 LBLZTO 充放電曲線與庫倫效率 [7]

▼ 表 3-6　多元素摻雜之鋰鑭鋯氧首圈放電電容量與首圈庫倫效率比較 (7)

	LLZO	LLZTO	LBLZTO
首圈放電電容 (mAh/g)	43.6	139.6	150.0
首圈庫倫效率 (%)	61.6	93.0	91.7

3-4 結論

本章首先介紹合成 LLZO、LLZTO 與 LBLZTO，並藉同步輻射 X 光繞射圖譜與中子粉末繞射之結構精算確認其爲立方相結構。以掃描式電子顯微鏡觀察顆粒大小與形貌，與 XANES 了解個元素價數。本章以電化學阻抗圖譜與擬合計算 LLZO、LLZTO 與 LBLZTO 之電導率，並證實藉摻雜將提升其離子電導率。

結論如下：

1. 介紹合成 LLZO 固態電解質，並藉元素摻雜提升離子電導率。
2. 組合全固態鋰離子電池，並藉摻雜元素於固態電解質成功提升電池電容量與庫倫效率，摻雜前首圈電容量僅 45 mAh/g 經摻雜後提升至 150 mAh/g，故摻雜元素之鋰鑭鋯氧具產業應用之潛能。

參考文獻

(1) Shao, Y.; Wang, H.; Gong, Z.; Wang, D.; Zheng, B.; Zhu, J.; Lu, Y.; Hu, Y.-S.; Guo, X.; Li, H., Drawing a Soft Interface: an Effective Interfacial Modification Strategy for Garnet-Type Solid-State Li Batteries. ACS Energy Lett. 2018, 3, 1212–1218.

(2) Duer, M. J., Introduction to Solid-State NMR Spectroscopy. Wiley-Blackwell: 2005.

(3) Murugan, R.; Thangadurai, V.; Weppner, W., Fast Lithium Ion Conduction in Garnet-Type $Li_7La_3Zr_2O_{12}$. Angew. Chem. Int. Ed. 2007, 46, 7778–7781.

(4) Buschmann, H.; Dölle, J.; Berendts, S.; Kuhn, A.; Bottke, P.; Wilkening, M.; Heitjans, P.; Senyshyn, A.; Ehrenberg, H.; Lotnyk, A., Structure and Dynamics of the Fast Lithium ion Conductor "$Li_7La_3Zr_2O_{12}$". Phys. Chem. Chem. Phys. 2011, 13, 19378–19392.

(5) Du, F.; Zhao, N.; Li, Y.; Chen, C.; Liu, Z.; Guo, X., All Solid State Lithium Batteries Based on Lamellar Garnet-Type Ceramic Electrolytes. J. Power Sources 2015, 300, 24–28.

(6) Ren, Y.; Deng, H.; Chen, R.; Shen, Y.; Lin, Y.; Nan, C.-W., Effects of Li Source on Microstructure and Ionic Conductivity of Al-Contained $Li_{6.75}La_3Zr_{1.75}Ta_{0.25}O_{12}$ Ceramics. J. Eur. Ceram. Soc. 2015, 35, 561–572.

(7) Meesala, Y.; Liao, Y.-K.; Jena, A.; Yang, N.-H.; Pang, W. K.; Hu, S. F.; Chang, H.; Liu, C. E.; Liao, S. C.; Chen, J. M., Guo, X.; Liu, R. S.; An Efficient Multi-doping Strategy to Enhance Li-ion Conductivity in the Garnet-Type Solid Electrolyte $Li_7La_3Zr_2O_{12}$. J. Mater. Chem. A 2019, 7, 8589–8601.

(1) Shaoyu Wang, [illegible] Gao, Z. Wang, D. Chen, [illegible] Zh[illegible] Li[illegible] [illegible] Interfacial [illegible] Batteries [illegible]

(2) [illegible] Solid State [illegible] NMR [illegible]

(3) [illegible] Conductor [illegible]

(4) [illegible] Structure and [illegible]

(5) [illegible]

(6) [illegible]

(7) [illegible]

4 鈉超離子導體型固態電解質

4-1 摘要

鋰離子電池因存於電解質洩漏與高溫性能不足等缺陷。為提升電池之安全性，鋰離子電池之研究將以固態電解質為次世代電池。其安全性能高、具備寬工作溫度範圍等優點，已成為各國研究之對象。第三章所講述之石榴石型固態電解質雖具氧化物中最高之電導率，其仍於空氣中具較低之穩定性，LLZO 於空氣中將產生碳酸鋰與氫氧化鋰表面層，此表面層致使電解質界面阻抗提升且整體穩定性下降。本章藉融熔焠火法合成鋰鋁鍺磷，此固態電解質於空氣中穩定，且電導率僅亞於石榴石型固態電解質。本章亦證明其自玻璃相經退火形成玻璃—陶瓷相之退火溫度與離子電導率之差別。

4-2 實驗步驟與儀器原理

因第二章與第三章已介紹大部分所用之儀器與分析原理，如 XRD、XAS、XPS 等原理，故本章將不再敘述重複之儀器。

4-2-1 鋰鋁鍺磷之合成步驟

合成鋰鋁鍺磷之步驟乃參照 Zhu[1] 等人之方法。秤取 2.39 克之碳酸鋰 (Li_2CO_3)、6.16 克之氧化鍺 (GeO_2)、1 克之氧化鋁 (Al_2O_3) 與 13.54 克之磷酸二氫氨 ($NH_4H_2PO_4$)。因鋰於燒結時易蒸發，故多 10% 重量百分比作鋰補償。置入氧化鋯內襯之球磨罐中，並添入適量之氧化鋯珠與異丙醇於球磨罐中以每分鐘 300 轉之轉速下球磨 5 小時。將均勻之漿料轉移至氧化鋁坩堝中並於 80°C 乾燥 12 小時蒸發溶劑。所得之乾燥粉末進行研磨並置於方形爐中，並以每分鐘 3°C 之升溫速率將爐溫升至 380°C 燒結 2 小時分解前驅體 (precursor) 中之原料使其產生氨、二氧化碳與水蒸氣。藉瑪瑙研缽與研杵研磨粉末。將磨碎之粉末轉移至白金坩堝中，以每分鐘 3°C 之升溫速率將爐溫升至 1350°C 以獲得均質液體玻璃。熔融溫度保持 2 小時。隨後將均勻之粘稠液體倒入預熱至 500°C 之平板不銹鋼板上並用另一塊鋼板壓制進行焠火。將壓制之玻璃片於 500°C 退火 2 小時以釋放熱應力，隨後冷卻至室溫。退火後之透明玻璃片分別於 750°C、800°C 與 850°C 下結晶 8 小時，或於 950°C 下結晶 12 小時。燒結步驟之反應式為：

$$3/2\ LiCO_3 + 1/2\ Al_2O_3 + 3\ GeO_2 + 6\ NH_4H_2PO_4$$
$$\rightarrow 2\ Li_{1.5}Al_{0.5}Ge_{1.5}(PO_4)_3 + 6\ NH_3 + 3/2\ CO_2 + 9\ H_2O$$

鋰鋁鍺磷固態電解質錠須藉砂輪機與砂紙進行切割、打磨與拋光，使錠片厚度為 1 毫米，直徑為 1 公分進行分析。

4-2-2 正極極片

正極漿料乃參考 Du 等人[2] 之配方，按磷酸鋰鐵：LiTFSI：KS6 導電碳黑：聚偏二氟乙烯 (PVDF) = 50：35：10：5 之重量比例混合。滴入適量 N- 甲基吡咯酮 (NMP) 作溶劑並研磨成黑色漿料，藉手術刀塗佈至 LAGP 表面並藉真空烘箱進行 80°C 12 小時去除溶劑。

4-3 結果與討論

4-3-1 LAGP XRD 結構鑑定分析

本小節將介紹合成鋰鋁鍺磷固態電解質，並以不同之溫度燒結。XRD 如圖 4-1 所示 [3]，標準圖形取自 PDF#80-1924 之 $LiGe_2(PO_4)_3$，其鈉超離子導體型固態電解質型結構，主峰配對良好，故得知其爲鈉超離子導體型固態電解質結構，$AlPO_4$、GeO_2 與 $Li_4P_2O_7$ 爲次要相並存在些小繞射峰。LAGP 之玻璃片經高溫熱處理後，於 22°、27° 與 35.2° 出現之繞射峰乃爲雜質 $AlPO_4$ 相，此些繞射峰強度將隨燒結溫度之提升而增加。

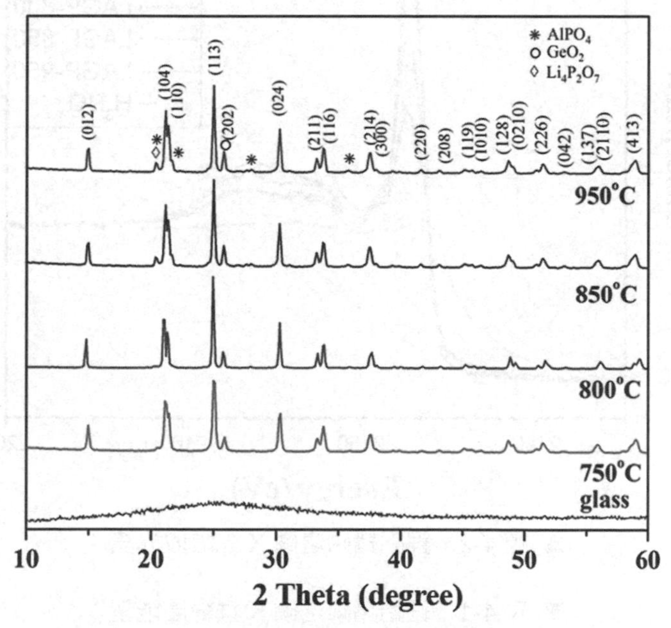

▲ 圖 4-1 不同溫度燒結之鋰鋁鍺磷 XRD 圖 [3]

4-3-2 XANES 鑑定

本小節藉同步輻射光源之 X 光進行吸收光譜之測量可得不同鍺與磷金屬化合物之金屬價數。本小節藉二氧化鍺、磷酸二氫鈉與硼酸為標準品了解其價數變化並測量鋰鋁鍺磷之平均價數。各標準品與鋰鋁鍺磷粉末經 X 光源照射下由圖 4-2 顯示四種燒結溫度之鋰鋁鍺磷、磷酸二氫鈉與磷酸之 X 光吸收光譜圖譜，其 K-edge 層能量如表 4-1 所示。磷酸二氫鈉乃為 2153 eV，磷酸為 2151 eV，四種燒結溫度之鋰鋁鍺磷皆為 2152 eV，藉線性內插法可計算鋰鋁鍺磷之磷為五價。

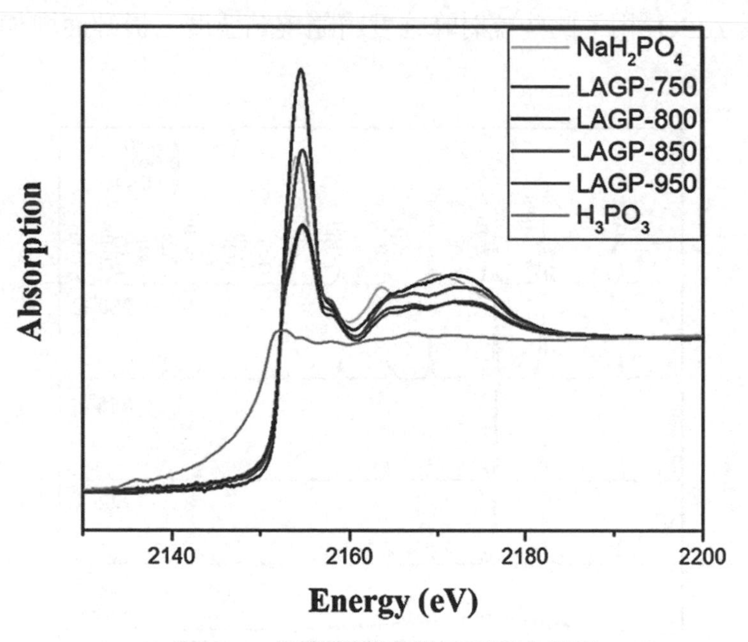

▲ 圖 4-2 鋰鋁鍺磷之磷 X 光吸收光譜

▼ 表 4-1 鋰鋁鍺磷之磷 K 邊緣層能量

	NaH_2PO_4	LAGP-750	LAGP-800	LAGP-850	LAGP-950	H_3PO_3
Energy (eV)	2153	2152	2152	2152	2152	2151

將鋰鋁鍺磷之粉末與二氧化鍺進行 XANES 量測，如表 4-2 所示，其 K-edge 能量皆爲 11103 eV。四種燒結溫度之鋰鋁鍺磷如圖 4-3 所示，其吸收邊緣之能量曲線重疊，並無明顯變化，故證明不同之燒結溫度對於鍺相對穩定並不會改變鍺之價數。

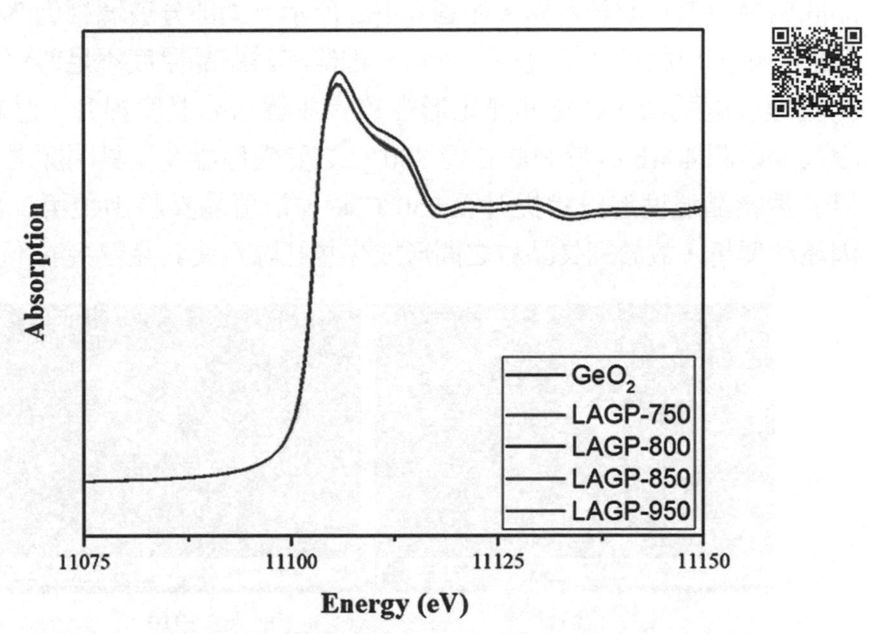

▲ 圖 4-3　鋰鋁鍺磷之鍺 X 光吸收光譜

▼ 表 4-2　鋰鋁鍺磷之鍺 K 邊緣層能量

	GeO_2	LAGP-750	LAGP-800	LAGP-850	LAGP-950
Energy(eV)	11103	11103	11103	11103	11103

4-3-3 SEM 鑑定

本小節藉 SEM 檢測結晶溫度對鋰鋁鍺磷樣品形貌之影響。如圖顯示於 750°C、800°C、850°C 退火 8 小時與 950°C 退火 12 小時之 $Li_{1.5}Al_{0.5}Ge_{1.5}(PO_4)_3$ 玻璃－陶瓷相之 SEM 圖。3 於不同溫度下結晶之四樣品間結構形態具顯著差異。如圖 4-4(a) 所示，大部分玻璃相仍然存在，晶粒爲不規則形狀且晶粒邊緣不清晰，推測其爲結晶溫度不足導致。樣品於熱處理溫度爲 750°C 時亦無定形性質。並隨結晶溫度提升，晶粒之尺寸增加，如圖 4-4(b-c) 於 800°C 至 850°C 之熱處理溫度下具明顯之晶粒與晶界。然結晶溫度進一步提升至 950°C 時，沿著晶界將出現第二種相，且因晶粒偏析，故於細長晶粒之間形成少量孔隙致使其晶粒接觸不良。

(a) (b) (c) (d)

▲ 圖 4-4 不同溫度之鋰鋁鍺磷 SEM 圖 (a) 750°C；(b) 800°C；(c) 850°C；(d) 950°C

藉掃描式電子顯微鏡之 X 光能量分散光譜成像可分辨不同元素於鋰鋁鍺磷內之分布狀況，用以檢視錠片之均勻度。其鋁、鍺與磷分別以紅、綠與藍色做 mapping 成像，由圖 4-5 見其三種元素皆平均分布於錠片。[3]

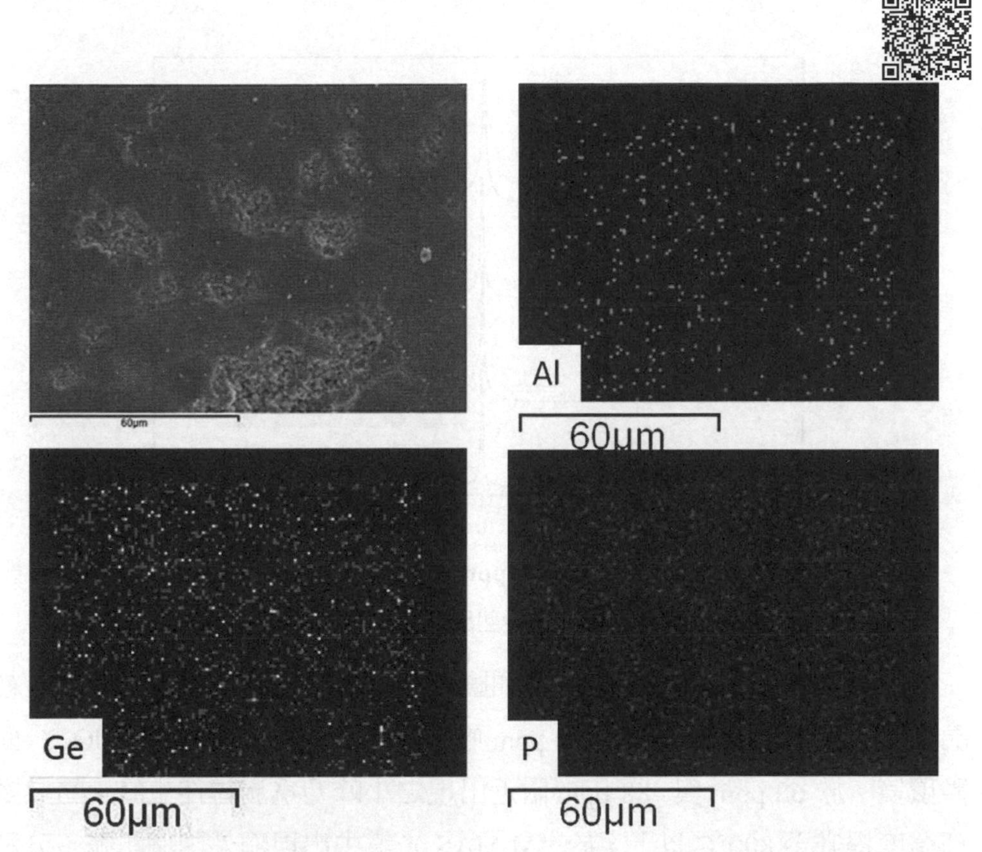

▲ 圖 4-5　掃描式電子顯微鏡 X 光能量分散光譜成像，左上為其測量區域，其鋁、鍺與磷分別以紅、綠與藍色成像 (3)

4-3-4　NMR 鑑定

爲詳細說明鋰鋁鍺磷局部結構之排列變化，本小節藉多核 MAS NMR 驗證之。圖 4-6 所示爲於 750°C、800°C、850°C 退火 8 小時與 950°C 退火 12 小時之鋰鋁鍺磷樣品 ^{7}Li MAS NMR 譜。(3) 於 ^{7}Li MAS NMR 中，0.05 ppm 處出現一中心躍遷 (–1/2, 1/2 躍遷) 與其餘二伴生峰 (–3/2、–1/2、1/2 與 3/2 躍遷) 對應各種溫度下退火之鋰鋁鍺磷粉末旋轉伴生峰。中心 ^{7}Li 躍遷之半高寬 (FWHM) 由同位素 (^{7}Li–^{7}Li) 與異核 (^{7}Li–^{31}P) 之偶極－偶極相互作用之強度與鋰離子遷移率決定。當樣品結晶溫度由 800°C 提升至 950°C 時，半高寬具顯著之增加，其中於 800°C 之線寬指出異核 ^{7}Li–^{31}P 偶極－偶極作用力較弱，其促進鋰離子遷移率提升。

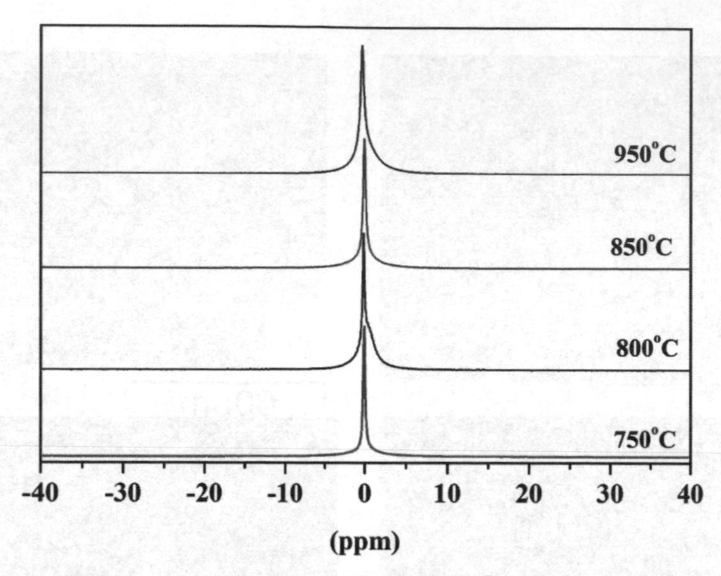

▲ 圖 4-6　鋰鋁鍺磷粉末於四種溫度之 ^{7}Li MAS NMR 圖 (3)

鋰鋁鍺磷粉末之 ^{27}Al MAS 譜如圖所示 (3)，樣品於 750°C 至 800°C 結晶後，將於 ^{27}Al MAS 譜中 –10 ppm 處顯示一訊號，其歸因於 AlO_6 八面體環境。於 68 ppm 與 –88 ppm 附近出現之小峰乃為旋轉伴生峰。隨熱處理溫度提升至 800°C 以上，於 ^{27}Al MAS 光譜中出現額外兩個訊號，分別於 10 ppm 與 40 ppm，其對應於 AlO_5 與 AlO_4 環境。第二部分之訊號乃因於次級 $AlPO_4$ 單位晶格之成長，並藉 Al 與磷酸鹽由鋰鋁鍺磷框架中排擠出而形成。此結果與 XRD 結果相符，並於高溫熱處理下將形成雜相之 $AlPO_4$。

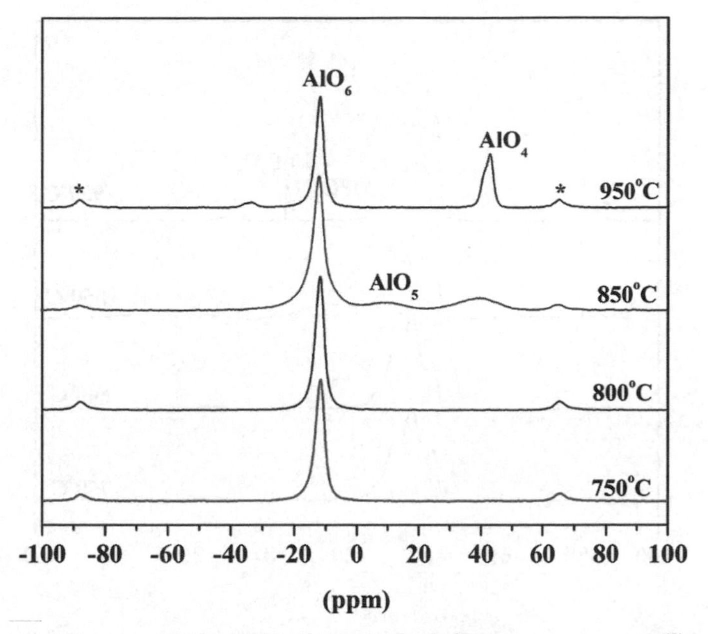

▲ 圖 4-7 鋰鋁鍺磷粉末於四種溫度 ^{27}Al MAS NMR 圖 (3)

^{31}P MAS NMR 譜於 –41.6 ppm、–36.4 ppm 與 –32.3 ppm 處顯示三個相關訊號，其乃對應鋰鋁鍺磷粉末之鈉超離子導體型固態電解質框架之 $(PO_4)^{3-}$ 環境。此些訊號與 $P(OGe)_{4-n}(OAl)_n$ 環境相關，如圖 4-8 所示 (3)，隨結晶溫度提升，含磷環境數量增加。故除主要訊號外，於 950°C 之高溫下結晶時，約於 –26.6 ppm 處出現額外訊號，其乃對應於藉 X 光繞射光譜鑑定之 $AlPO_4$ 單元，且於 –10.3 ppm 與 –11.3 ppm 附近之額外弱訊號將可推斷與 XRD 圖譜中檢測到之 $Li_4P_2O_7$ 雜相有關。

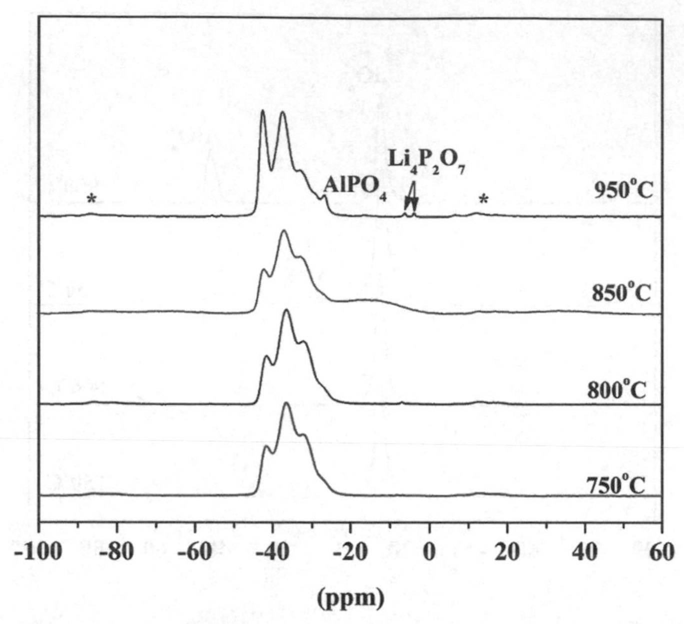

▲ 圖 4-8　鋰鋁鍺磷粉末於四種溫度 ^{31}P MAS NMR 圖 [3]

4-3-5　鋰鋁鍺磷之電化學性質測試

1.　交流阻抗測試

電化學阻抗乃分析電池之電荷轉移阻抗大小，用以鑑定電池之電化學性能。圖爲分析阻抗之等效電路圖，其中 R_1 代表總電阻，包含晶粒內 (bulk) 與晶界 (grain boundary) 之阻抗，由圖形與 X 軸交點之數值表示。CPE1 表示雙電層電容，於鋰離子電池系統，負極將電荷轉移至正極，此時電荷轉移之難易度將由電子轉移阻抗大小所示。圖中半圓之直徑越大則表示鋰離子轉移阻抗越大，且鋰離子轉移阻抗越大充放電之過電壓將提升。最後 Wo1 則代表離子擴散係數，由圖中半圓後之斜直線表示。圖 4-10 藉文獻中常見之 Au | LAGP | Au 系統 [3]，常溫下鋰鋁鍺磷離子電導率爲 1.2×10^{-4} S/cm，於 60°C 下量測鋰鋁鍺磷離子電導率提升至 8.7×10^{-4} S/cm，並清楚得知溫度提升將增加鋰鋁鍺磷之離子電導率。

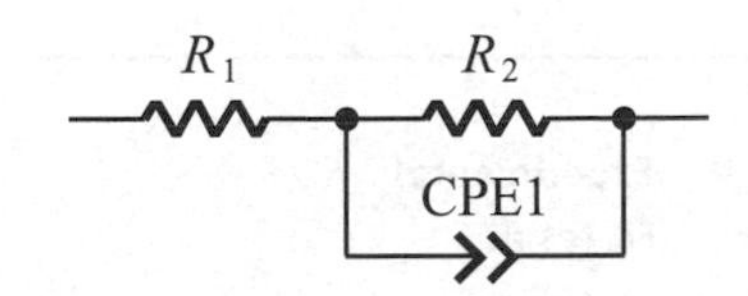

▲ 圖 4-9 交流阻抗擬合所使用之等效電路圖

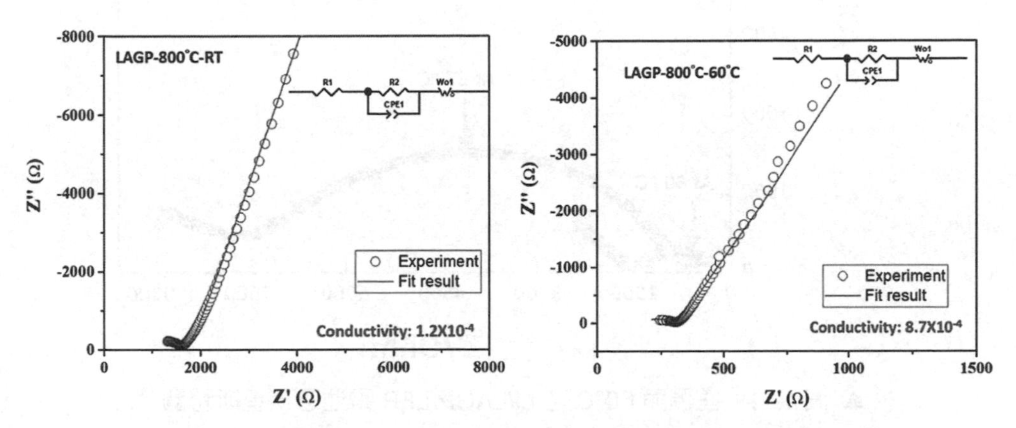

▲ 圖 4-10 常溫與 60°C 之鋰鋁鍺磷錠片交流阻抗奈奎斯特圖 [3]

如圖 4-11 所示 [3]，室溫與 60°C 下量測 Li | LAGP | LFP 電池之奈奎斯特圖。其全電池顯示二凹陷之半圓與傾斜線。高頻率區之首圈半圓對應於固體電解質之整體阻抗，而中頻率區之次半圓乃為固體電解質與鋰金屬界面處之電荷轉移阻抗。前二半圓相關之阻抗分別為 791 Ω 與 5967 Ω，電池總電阻為 6758 Ω，隨電池溫度提升，電池之體積阻抗與總阻抗將顯著降低。

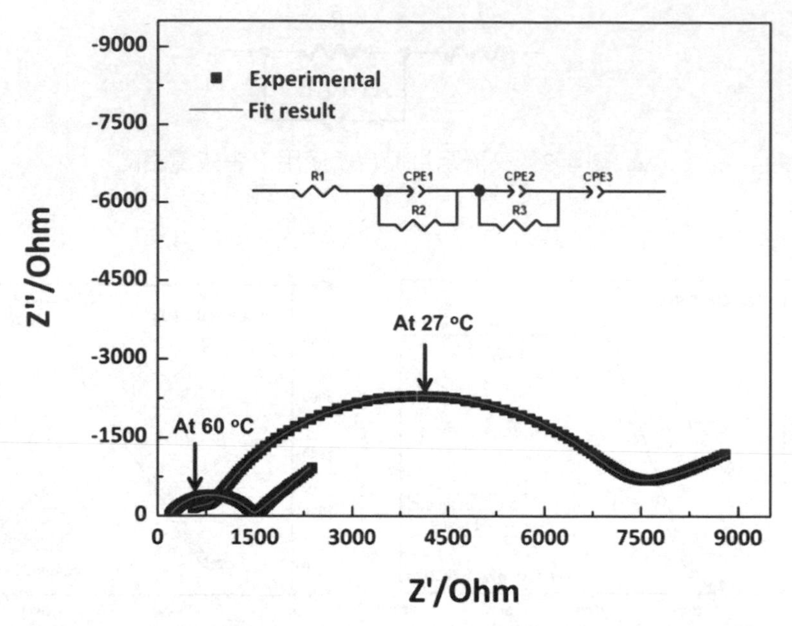

▲ 圖 4-11　室溫與 60°C 之 Li/LAGP/LFP 電池之奈奎斯特圖 [3]

2. 阿瑞尼士圖

圖 4-12 乃爲四種不同燒結溫度鋰鋁鍺磷之阿瑞尼士圖 [3]，此量測乃藉文獻中常見之 Au | LAGP | Au 系統，自 20°C 且間隔每 20°C 量測數據直至 100°C，共計 5 數據點。並藉阿瑞尼士活化能公式，對 5 數據點作線性迴歸。兩樣品均爲線性，並藉迴歸線之斜率求得活化能，750°C 之活化能爲 0.18 eV，800°C 爲 0.05 eV，850°C 爲 0.13 eV，950°C 爲 0.13 eV。較低之活化能意即鋰離子較易進行傳導，故阻抗較低，並清楚得知於 800°C 時具最高之離子電導率。

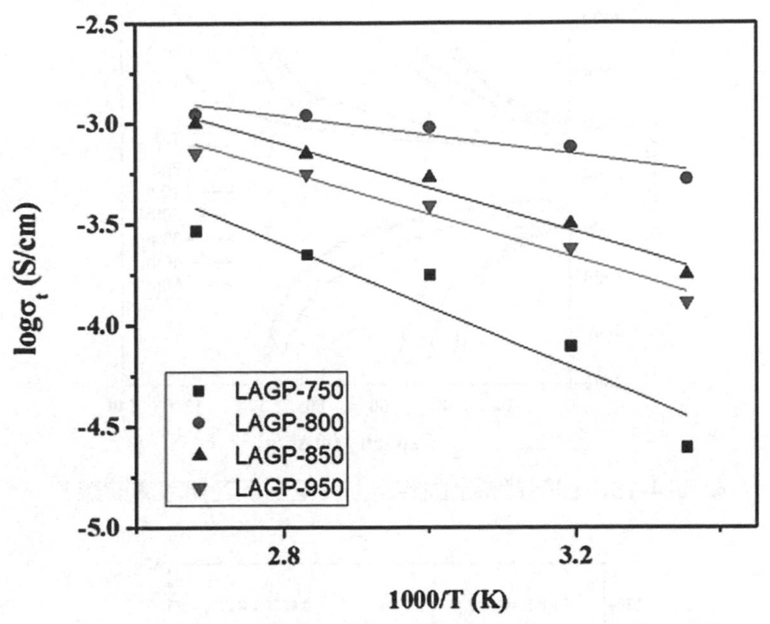

▲ 圖 4-12　四種不同燒結溫度之鋰鋁鍺磷阿瑞尼士圖 [3]

3.　充放電分析

本小節藉 $LiFePO_4$ 正極材料、純鋰金屬片與直徑為 10 毫米且厚度為 1 毫米之鋰鋁鍺磷錠片進行全固態電池組裝。放電區間乃於 2.7 至 3.9 V，並藉理論電容量 170 mAh/g 計算 C-rate。充電與放電皆以 0.01 C 進行，如圖 4-13 所示。[3] 於 2.7 至 3.9 V 對 Li^+/Li 之電壓範圍內進行恆電流充放電測試，且電池之充放電容量分別為 126 mAh/g 與 96 mAh/g，分別對應理論容量之 74.5 % 與 56.8 %，首圈庫倫效率乃為 76.2 %。前幾循環中電容量增加，推測因循環過程中電解質與電極界面之接觸改善所導致其界面阻抗下降致使電池循環效率提升。如圖 4-14 所示電池放電電容量與庫倫效率 [3]，並於 50 次循環中庫倫效率為 93 %。電池之過電壓逐漸增加與放電電容量之降低乃由固態電解質與電極於循環過程中因鋰離子傳輸使界面處形成空隙致使接觸不良造成。

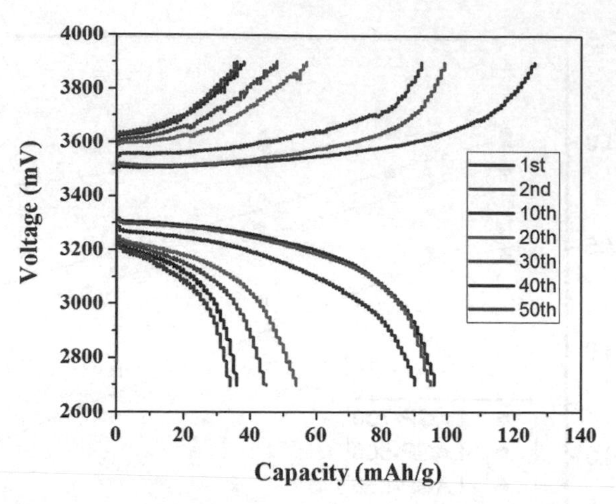

▲ 圖 4-13　鋰鋁鍺磷全固態電池於室溫下之充放電曲線 (3)

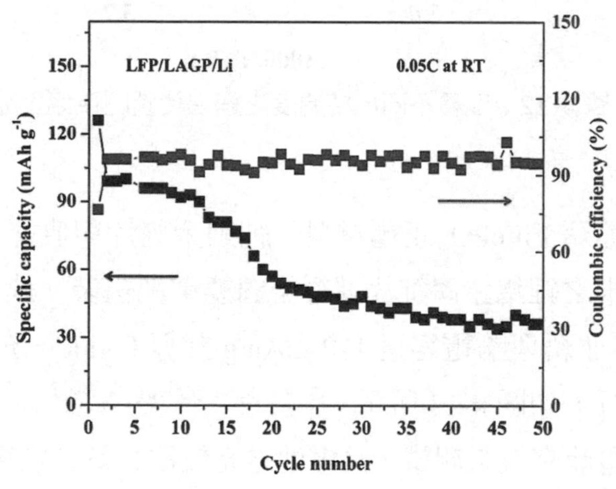

▲ 圖 4-14　鋰鋁鍺磷固態電解質於 50 圈之庫侖效率與電容量 (3)

4-4 結論

本章亦介紹以不同燒結溫度合成另一氧化物固態電解質鋰鋁鍺磷固態電解質 (lithium aluminum germanium phosphate; $Li_{1.5}Al_{0.5}Ge_{1.5}(PO_4)_3$; LAGP)，並藉 X 光繞射確認其晶相，後藉交流阻抗測定離子傳導性並藉阿瑞尼士法推算不同燒結溫度之 LAGP 鋰離子與傳導活化能，結論如下：

1. 藉 XRD 繞射圖譜與 XANES 確認所合成鋰鋁鍺磷之結構與價數，配合 SEM 與 EDS 探測材料表面結構與元素分布，最後於 EIS 量測材料之電化學特性證明燒結溫度於 800°C 具最佳鋰離子傳導活化能與離子電導率。
2. 組裝直徑爲 10 毫米且厚度爲 1 毫米之全固態鋰離子電池，並於常溫中藉電流密度 0.01 C 下得約 96 mAh/g 之放電電容量與 50 圈之循環壽命，首圈充放電庫倫效率爲 76.2 %，且第 50 次循環中庫倫效率爲 93 %，並成功進行常溫全固態電池之量測。

參考文獻

(1) Zhu, Y.; Zhang, Y.; Lu, L., Influence of Crystallization Temperature on Ionic Conductivity of Lithium Aluminum Germanium Phosphate Glass-Ceramic. J. Power Sources 2015, 290, 123–129.

(2) Du, F.; Zhao, N.; Li, Y.; Chen, C.; Liu, Z.; Guo, X., All Solid State Lithium Batteries Based on Lamellar Garnet-Type Ceramic Electrolytes. J. Power Sources 2015, 300, 24–28.

(3) Meesala, Y.; Chen, C.-Y.; Jena, A.; Liao, Y. K.; Hu, S. F.; Chang, H.; Liu, R. S., All-Solid-State Li-ion Battery using $Li_{1.5}Al_{0.5}Ge_{1.5}(PO_4)_3$ as Electrolyte Without Polymer Interfacial Adhesion. J. Phys. Chem. C 2018, 122, 14383–14389.

5 固態鈉二氧化碳電池

5-1 摘要

自 18 世紀工業革命後，人類對於能源之需求日益俱增。目前全球仍仰賴石油、天然氣與煤等化石能源作爲日常供電所需，然燃燒化石能源將產生大量溫室氣體排放至大氣中，造成全球暖化與極端氣候等問題，諸多溫室氣體中影響最大者爲二氧化碳。[1] 此外，因化石能源之過度開採，其即將於未來之二至三百年內耗盡，故近年科學家致力於開發綠色再生能源以減少二氧化碳之排放並降低石化能源之消耗。

電池爲最常見之儲能系統，其中鋰離子電池因其具體積小與能量密度高 (約 300 Wh/kg) 之優勢並廣泛應用於行動電話與筆記型電腦等電子產品。[2~4] 然鋰離子電池之能量密度無法滿足未來電動車所需，故須藉能量密度高之替代金屬電池取代鋰金屬爲發展目標。此外，地球鋰資源稀少且成本昂貴，故學術界與產業界希望尋找替代鋰金屬之元素。因鈉資源具地球含量高與成本低廉之優點，鈉電池已成爲綠色能源研究之熱門重點之一。其中鈉二氧化碳電池因其高能量密度 (1.13 kWh/kg) 與二氧化碳之有效利用而備受關注，且二氧化碳於火星大氣佔有率近 96%，鈉二氧化碳電池亦可作爲未來火星探索之可靠能源供給。[5~8]

然鈉二氧化碳電池主要使用液態電解質(如醚類與碳酸酯)，因其本身之易燃性而具安全性問題與電解液之潛在外漏，此一現象於開放式電池系統中更爲嚴重，液態電解液更容易揮發，限制鈉二氧化碳電池之實際應用。本文將闡述鈉二氧化碳電池之發展，並說明藉無機固態電解質取代有機電解液，同時增進陰極與固態電解質間接觸，以提升電池循環性能。[9~12]

5-2 實驗步驟與儀器原理

5-2-1 鈉二氧化碳陰極合成方法

本研究藉釕奈米粒子 / 奈米碳管 (Ru/CNT) 複合材料作爲陰極觸媒。如圖 5-1 所示，以實驗用針筒取出 100 mL 之無水乙二醇 (ethylene glycol, anhydrous) 於 250 mL 圓底瓶中。隨後再秤量 50 mg 之氯化釕水合物 ($RuCl_3 \cdot xH_2O$) 與 80 mg 之奈米碳管作爲前驅物。依序加入無水乙二醇中，將圓底瓶移至超音波震盪機中並震盪 30 分鐘，使前驅物均勻分散於溶液中。待震盪完成後於圓底瓶中放置磁石攪拌子以利製程過程之均勻反應。將圓底瓶移至事先預熱之矽油浴中，進行冷凝迴流法反應 3 小時，控制矽油浴維持 170°C，設定轉速於 300 rpm 下攪拌反應溶液且保持於氮氣環境。待冷凝迴流法完成後移除加熱源並將其靜置冷卻至室溫，並以乙醇與去離子水離心多次清洗粗產物以去除雜質與殘餘溶劑，條件設定爲轉速 8000 rpm 並維持 10 分鐘。完成後將產物置於真空 80°C 烘箱乾燥 12 小時，得最終釕奈米粒子 / 奈米碳管複合材料。

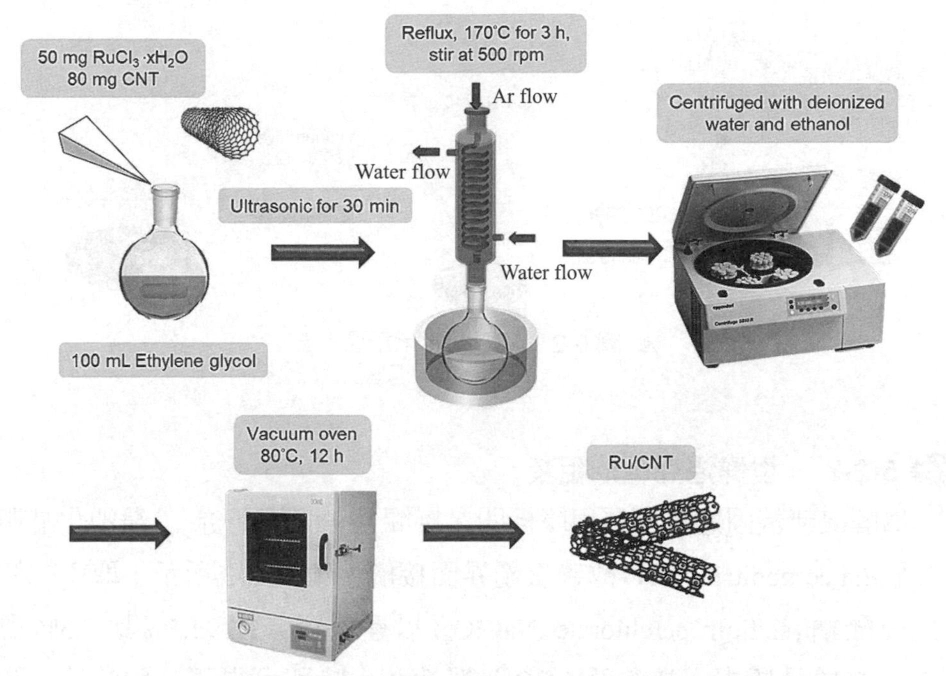

▲ 圖 5-1 釕奈米粒子 / 奈米碳管複合材料製程示意圖

陰極配製如圖 5-2 所示，秤取陰極觸媒 (Ru/CNT) 粉末 34 mg 與 6 mg 之聚偏二氟乙烯 (polyvinylidene difluoride, PVDF) 作爲黏著劑並置於 20 mL 之樣品瓶中，Ru/CNT 與 PVDF 以重量百分比 85% 比 15% 之比例混合於 1 mL N- 甲基吡咯烷酮 (N-methylpyrrolidinone, NMP) 溶劑，先以超音波震盪 30 分鐘，使其均勻分散。隨後加入一顆鋯珠於 20 mL 樣品瓶中，將其置於行星式球磨機中，設定轉速 300 rpm 並球磨 2 小時。待完成球磨後，藉微量移液管取出 10 μL 之漿料均勻塗布於直徑爲 1.3 cm 之碳紙 (carbon paper)，隨後將塗布完成之陰極置於眞空烘箱中，溫度設定爲 80°C 並維持 12 小時，即可得陰極觸媒重量約爲 0.2 mg 之陰極片。

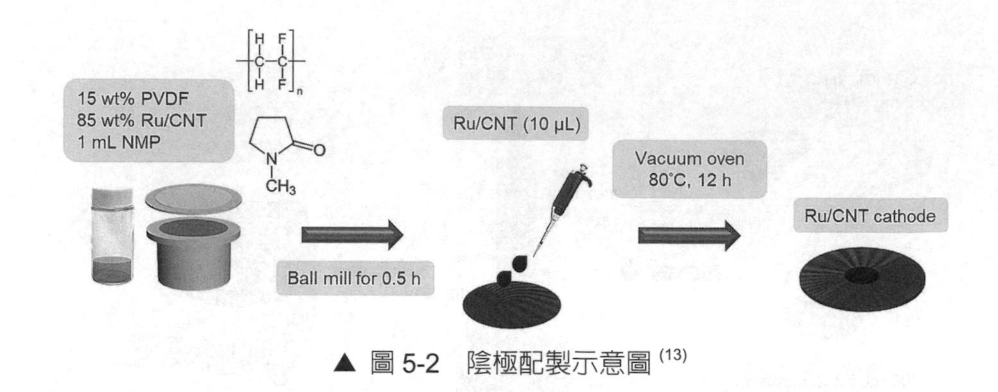

▲ 圖 5-2　陰極配製示意圖 [13]

5-2-2　世偉洛克電池組裝

爲解決無機固態電解質與陰極間之接觸性差，本研究 [13] 藉塑化晶體丁二腈 (succinonitrile; SN) 改善陰極界面接觸。如圖 5-3 所示，取丁二腈與過氯酸鈉 (sodium perchlorate, $NaClO_4$) 以重量百分比 92.5% 比 7.5% 置於 20 mL 樣品瓶中，加熱至 50°C 並攪拌 8 小時即可得丁二腈溶液。將陰極片置於通氣世偉洛克電池底座上，藉微量移液管取出 50 μL 之丁二腈溶液並滴於陰極片上，於丁二腈固化前放置鈉鋯矽磷氧 ($Na_3Zr_2Si_2PO_{12}$, NZSP) 固態電解質片，接續放上鈉金屬片與電池上蓋，並藉一通氣管連接通氣口之其中一端，確保二氧化碳確實擴散進電池組中，電池放入玻璃血清瓶中並灌入二氧化碳，即完成電池組裝。

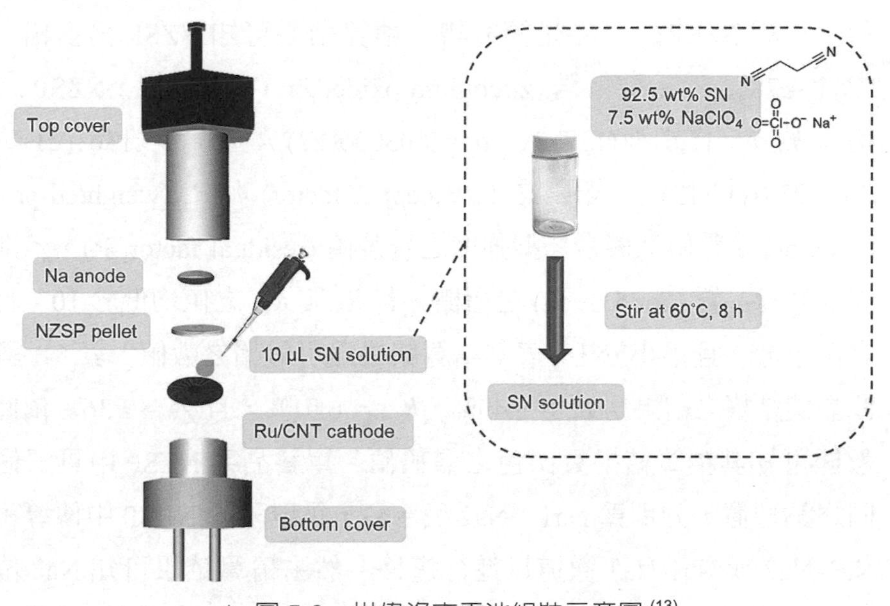

▲ 圖 5-3　世偉洛克電池組裝示意圖 [13]

5-3 結果與討論

5-3-1　全固態鈉二氧化碳電池之鑑定與分析

1. NZSP 之鑑定與離子電導率分析

本研究藉 X 光繞射儀鑑定鈉鋯矽磷氧 ($Na_3Zr_2Si_2PO_{12}$, NZSP) 固態電解質片之晶相，對照菱方晶系 (PDF#01-084-1190) 與單斜晶系 (PDF#35-0412) 標準圖譜分析，該結果顯示 NZSP 為單斜晶系，此結構隸屬 C2/c 空間群，如圖 5-4 所示。C2/c 中 C 為底心晶格 (base centered unit cell)，於底心晶格中三邊長 a、b 與 c 皆不相等，且夾角 α 與 γ 皆為 90°，夾角 β 不為 90°，2/c 為沿 b 軸具二重旋轉軸且軸上具與之垂直之 c 軸射移面 (glide plane)。此外，本研究亦藉 Bruker 公司撰寫之結構精算程式 (Total Pattern Analysis Solutions, TOPAS) 軟體進行晶體結構精算，精算結果如圖 5-5、表 5-1 與表 5-2

所示。經 NSRRC 之 X 光繞射譜之精算結果可知 NZSP 爲主相，其中含 4.78% 之二氧化鋯 (zirconium oxide, ZrO_2) 爲雜相，NZSP 之晶格參數 a = 15.61516(37) Å，b = 9.03035(22) Å，c = 9.21361(21) Å，β = 123.6115(13)°。表中之 R_p(except R-factor) 與 R_{wp}(weighted profile R-factor) 之數值爲擬合峰型強度之殘差值 (residual factor, R)，χ^2 則定義爲精算品質 (good of fit) 之指標。若 R_p 與 R_{wp} 之值均低於 10，且 χ^2 之值小於 3 且不小於 1，表其精算結果爲可信賴之數值。表 5-1 顯示此晶體結構之結果爲 R_p = 5.49%，R_{wp} = 6.91%，且 χ^2 = 2.36，依此些數據可知其精算結果具出色之信賴值。單斜晶系 NZSP 中具三個不同之鈉位置，分別爲 Na1、Na2 與 Na3，鈉離子於 NZSP 中傳導可藉 Na1-Na2 或 Na1-Na3 通道以進行遷移，然由精算結果可知 Na2 位之佔有率爲 1，即爲 Na2 位不具任何缺陷，無法進行鈉離子之遷移，故推測鈉離子於 NZSP 中傳導僅藉 Na1-Na3 通道進行遷移。

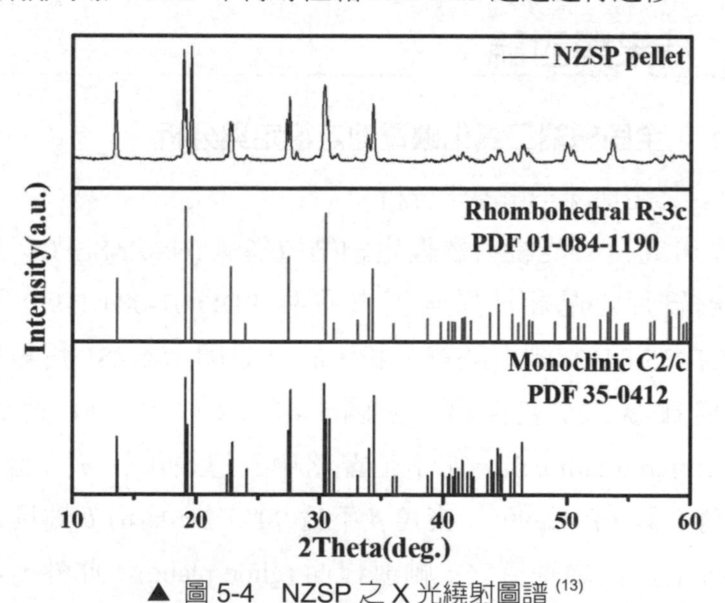

▲ 圖 5-4　NZSP 之 X 光繞射圖譜 (13)

▼ 表 5-1　NZSP 之結構精算結果 (13)

Parameter	Results
Crystal system	Monoclinic
Space group	C2/c
R_{wp}	6.91%
R_p	5.49%
χ^2	2.36
NZSP	95.22%
ZrO_2	4.78%
a	15.61516(37) Å
b	9.03035(22) Å
c	9.21361(21) Å
β	123.6115(13)°

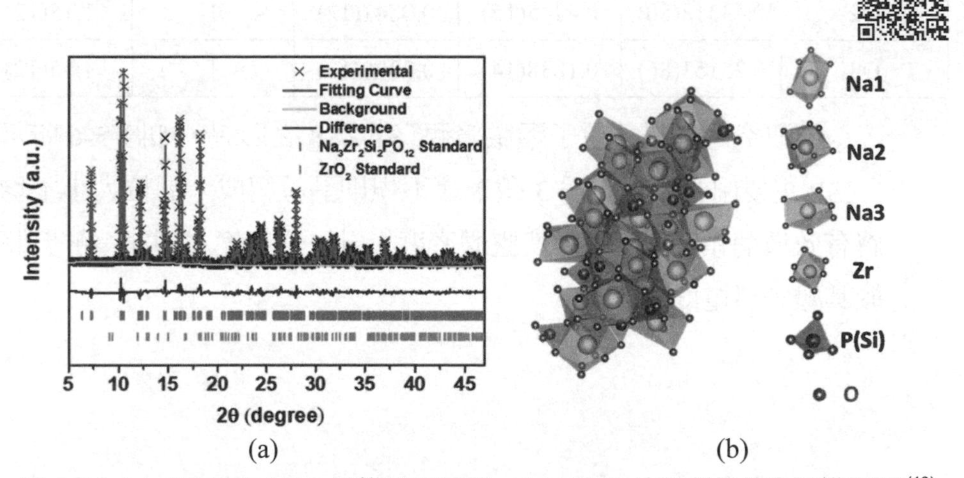

(a)　(b)

▲ 圖 5-5　(a) NZSP 之 XRD 結構精修圖譜；(b) NZSP 之單斜晶相之結構模型 (13)

▼ 表 5-2　NZSP 之結構精算晶體資訊 [13]

Atom	*x*	*y*	*z*	Occ	Beq($Å^2$)
Na1	0.25	0.25	0.5	0.606(12)	16.1(11)
Na2	0.5	0.8965(11)	0.25	1.000(13)	0.69(22)
Zr1	0.10204(13)	0.24866(39)	0.05669(18)	1	0.272(38)
Si2	0.35517(44)	0.11107(78)	0.25813(68)	0.67	0.04(11)
P2	0.35517(44)	0.11107(78)	0.25813(68)	0.33	0.04(11)
Na3	0.8215(12)	0.1088(20)	0.8779(22)	0.643(11)	9.22(55)
O6	0.08022(83)	0.1418(13)	0.2344(13)	1	1.15(12)
O5	0.44918(79)	0.1825(13)	0.4365(12)	1	1.15(12)
O1	0.14334(89)	0.4452(13)	0.2186(12)	1	1.15(12)
Si1	0	0.03668(99)	0.25	0.67	0.48(19)
P1	0	0.03668(99)	0.25	0.33	0.48(19)
O4	0.38206(76)	0.1388(12)	0.1170(14)	1	1.15(12)
O2	0.43318(80)	0.4445(15)	0.0841(12)	1	1.15(12)
O3	0.25151(86)	0.1838(14)	0.2090(12)	1	1.15(12)

本研究藉掃描式電子顯微鏡觀察 NZSP 之形貌，如圖 5-6 所示，NZSP 主要由平均大小爲 3 微米之不規則晶粒組成，晶粒大小不均勻將有效填補顆粒間之縫隙使整體密度上升，高密度之固態電解質將助於其離子導電度之提升。

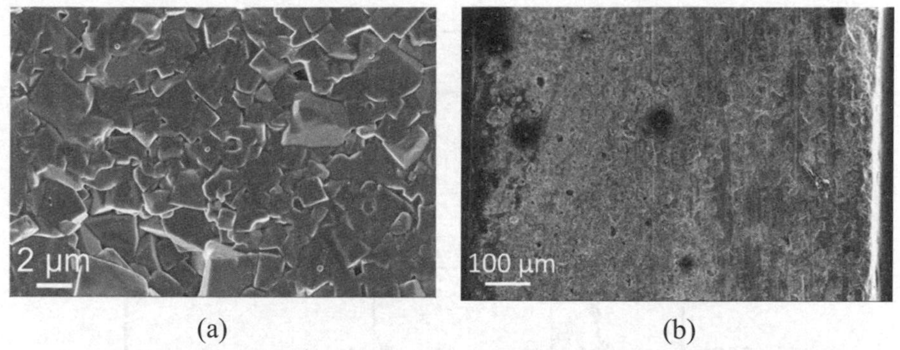

▲ 圖 5-6 (a) NZSP 之表面 SEM 圖；(b) NZSP 之截面 SEM 圖 [13]

圖 5-7 爲 NZSP 之電化學阻抗圖，其使用圖 5-7 中之等效電路圖進行阻抗模擬。實際擬合時，藉完美電容擬合易產生偏差 (純電容圖型爲完美半圓)，故藉 電容取代純電容進行擬合，Wo 爲離子擴散之等效電路元件，以斜直線呈現。此交流阻抗系統爲雙面鍍金之 NZSP(即 Au | NZSP | Au)，金電極作爲阻擋電極 (blocking electrode)，僅維持系統迴路完整而不導通鈉離子。本研究阻抗量測頻率範圍爲 1 MHz ～ 0.1 Hz，阻抗圖經擬合計算後可得 R1 = 336 Ω，R2 = 105 Ω，導電度與阻抗之關係式如公式 (5-1) 所示：

$$\sigma = \frac{d}{ZA} \tag{5-1}$$

其中 σ 爲離子電導率，d 爲固態電解質片厚度，Z 爲總阻抗，A 爲金電極面積，導電度單位爲 S/cm，S 爲阻抗之倒數，單位爲西門子，經計算後可得 NZSP 於室溫下之離子電導率爲 0.8 mS/cm。

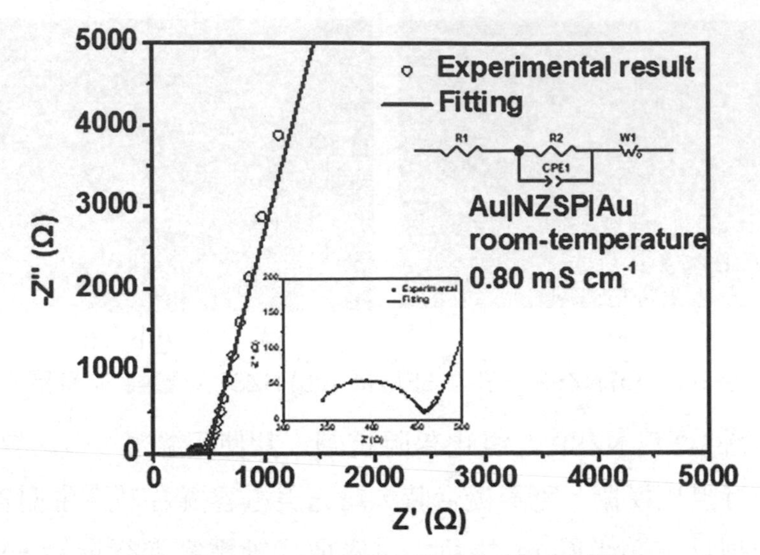

▲ 圖 5-7　NZSP 之電化學阻抗圖譜 (13)

本研究藉阿瑞尼士圖 (Arrhenius plot) 描述鈉離子由原佔有位遷移至另一佔有位之反應速率，其關係式如公式 (5-2) 所示：

$$\sigma = Ae^{\frac{-E_a}{k_B T}} \tag{5-2}$$

其中 σ 爲離子電導率，A 爲阿瑞尼士常數，E_a 爲鈉離子由原佔有位遷移至另一佔有位之活化能，k_B 爲波茲曼常數 (Boltzmann constant)，T 爲絕對溫度。將公式 5-2 取自然對數並整理後可得 5-3 式：

$$\ln \sigma = \ln A - \frac{E_a}{k_B} \times \frac{1}{T} \tag{5-3}$$

由 5-3 式可知，以 $\ln \sigma$ 對 $\frac{1}{T}$ 作圖，其斜率爲 $-\frac{E_a}{k_B}$，由斜率即可得 NZSP 之活化能，以 Au | NZSP | Au 系統進行變溫阻抗測試，由 25°C 開始，依序升溫至 30、40、50 與 60°C 量測阻抗，並藉此 5 數據點作線性迴歸計算，如圖 5-8 所示。其中 R^2 爲相關係數，表示數據點間之線性關係，將斜率轉換後可得 NZSP 之活化能爲 0.23 eV，與先前已報導之 NZSP 活化能相符。(14~16)

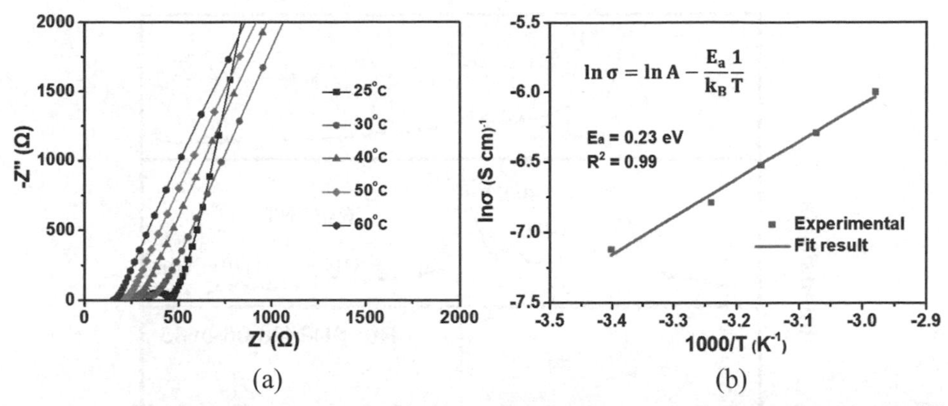

▲ 圖 5-8　(a) NZSP 於不同溫度之電化學阻抗圖譜；(b) NZSP 之阿瑞尼士圖 (13)

2.　釕奈米粒子 / 奈米碳管複合材料之鑑定

本研究藉 X 光繞射儀鑑定釕奈米粒子 / 奈米碳管複合材料 (Ru/CNT) 之晶相，對照六方晶系 (hexagonal) 釕金屬標準圖譜 (PDF#00-06-0663) 分析，如圖 5-9 所示。位於 38°、42°、44°、58°、69° 與 78° 之繞射峰，分別對應於 (100)、(002)、(101)、(102)、(110) 與 (103) 晶面。且較寬之繞射峰亦表示釕奈米粒子之粒徑較小，位於 25° 之繞射峰則對應於多壁奈米碳管之 (002) 晶面。該結果顯示本研究合成之釕奈米粒子 / 奈米碳管複合材料與釕金屬標準圖相符，其結構隸屬 $P6_3/mmc$ 空間群，$P6_3/mmc$ 中 P 爲原始晶格 (primitive unit cell)。於原始晶格中具兩相等邊長 a 與一不等邊長 c，且兩相等邊長具 120° 之夾角，其餘夾角爲 90°。$6_3/m$ 表示爲六重旋移軸，朝 c 方向旋轉 60° 且移動 1/2 晶格，並垂直於旋移軸方向作鏡面反射，m 爲 2/m 之簡寫，2/m 表示延 [110] 方向具二重旋轉軸且軸上具與之垂直之鏡面，c 則爲 c 之方向且沿著軸平移 c/2 之距離，射移面之方位爲 [100] 與 [010]。

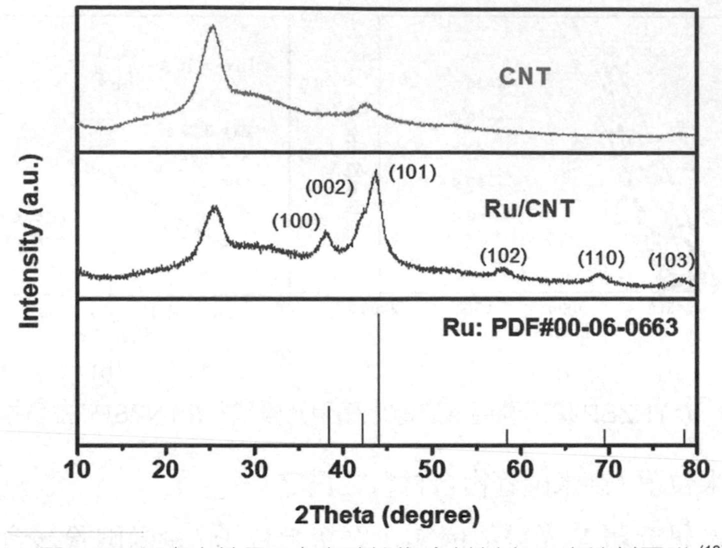

▲ 圖 5-9　釕奈米粒子 / 奈米碳管複合材料之 X 光繞射圖譜 (13)

欲鑑定釕奈米粒子 / 奈米碳管複合材料之形貌，本研究藉穿透式電子顯微鏡觀察觸媒材料之大小。圖 5-10 分別於不同倍率條件下鑑定釕奈米粒子 / 奈米碳管複合材料尺寸，可得知釕奈米粒子吸附於奈米碳管之表面形成釕與奈米碳管之複合材料，多壁奈米碳管之直徑約爲 20 奈米。且多壁奈米碳管交錯所建立之三維結構除將助於二氧化碳之擴散，亦提供較多之活性位點以沉積放電產物。釕奈米顆粒之直徑約爲 2 奈米，且釕奈米粒子易聚集成粒徑大小約爲 40 ～ 80 奈米之顆粒。奈米級大小之釕金屬具較大之表面積，可暴露更多之活性點位以利催化陰極表面反應。

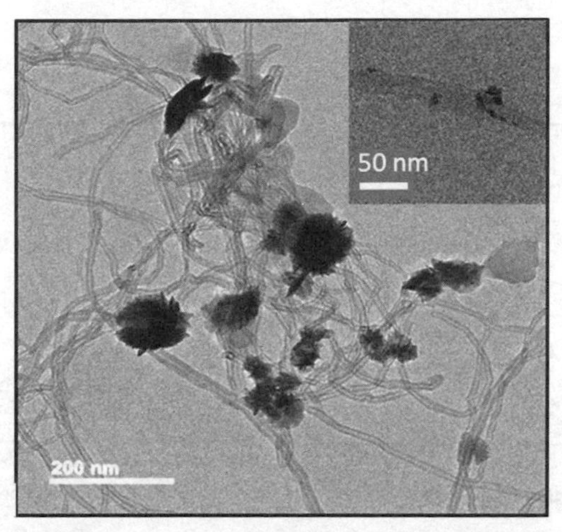

▲ 圖 5-10 釕奈米粒子 / 奈米碳管複合材料之穿透式電子顯微鏡圖 [13]

本研究藉表面分析靈敏之 X 射線光電子能譜分析觸媒材料表面化學特性進而探討電化學催化性能。如圖 5-11(a) 所示，位於 Ru 3*d* 之 Ru $3d_{5/2}$ 峰值對應於 280.0 eV，此即爲 0 價金屬釕。此結果亦可由 X 射線吸收光譜印證，本研究使用國家同步輻射研究中心 44A1 光束實驗站之快速掃描 X 射線吸收光譜以鑑定釕金屬元素之價態與結構特性。樣品於 X 光源照射下，其 1*s* 電子軌域之電子吸收能量躍遷至 4*p* 電子軌域，其 X 光吸收光譜。於圖中可知與標準釕金屬薄片 (Ru foil) 比較，本實驗合成之釕奈米粒子 / 奈米碳管複合材料之釕金屬價數爲 0 價，如圖 5-12 所示。

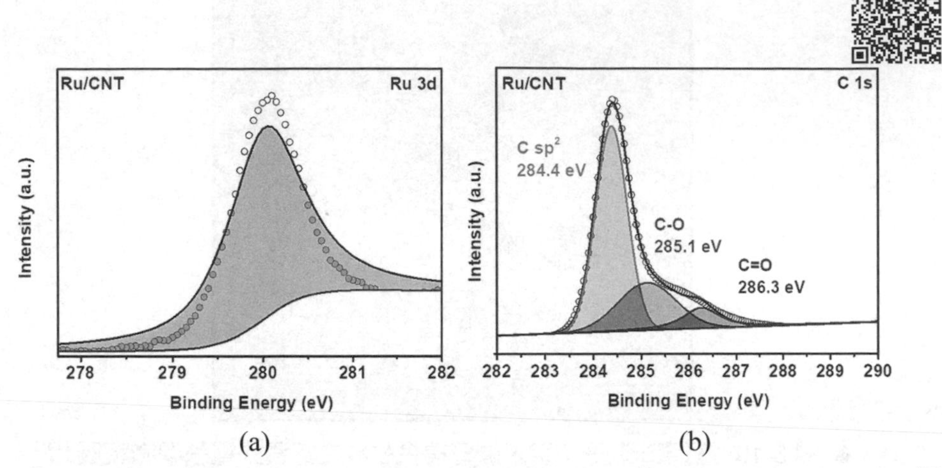

▲ 圖 5-11　(a) 釕奈米粒子 / 奈米碳管複合材料之 Ru 3*d* 與 (b) C 1*s* 之 XPS 圖譜 (13)

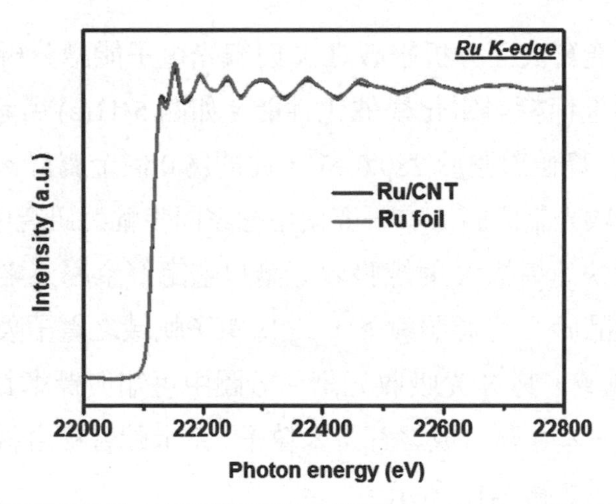

▲ 圖 5-12　釕奈米粒子 / 奈米碳管複合材料之 Ru K-edge 之 X 光吸收光譜 (13)

爲進一步了解釕奈米粒子 / 奈米碳管複合材料之結構資訊，本研究藉延伸 X 光吸收細微結構光譜鑑定釕奈米粒子 / 奈米碳管複合材料之鍵結與配位環境。於 X 光吸收邊緣後，受光子激發之特定軌域電子將形成一向前運動之光電子物質波，若吸收之原子 A 周圍存在其他原子時，將與行進之物質波交互作用，產生波之疊加與衰退，即爲波之建設性干涉與破壞性干涉，於吸收邊緣後譜圖產生劇烈震盪，可藉此現象分析物質自身鍵結與鄰近原子性質。圖 5-13 爲釕奈米粒子 / 奈米碳管複合材料與標準釕金屬薄片吸收邊緣之 k 空間 (k space) 經傅立葉轉換後所得之 R 空間 (R space) 圖譜，詳細擬合結果如表 5-3 所示。由結果可知釕奈米粒子 / 奈米碳管複合材料與標準釕金屬薄片具相似之釕 - 釕鍵長約爲 2.67 Å，且釕奈米粒子 / 奈米碳管複合材料之峰強度較標準釕金屬薄片弱，其因釕奈米粒子之配位數 (6.936) 較標準釕金屬片 (8.376) 低。具較低配位數之釕奈米粒子除可吸附較多之二氧化碳且提供更多之活性點位以利陰極表面反應之催化。

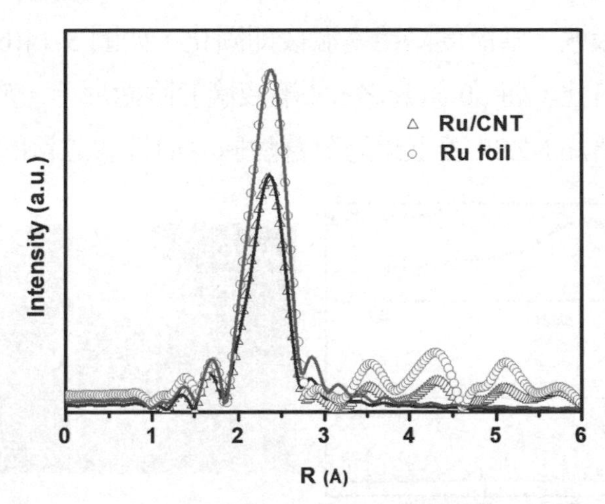

▲ 圖 5-13 Ru/CNT 與 Ru foil 之 EXAFS 原子鍵結圖 [13]

▼ 表 5-3 Ru/CNT 與 Ru foil 之 EXAFS 擬合結果 [13]

Sample	Path	R (Å)	CN	σ^2 (Å^2)	R factor
Ru/CNT	Ru-Ru	2.674	6.936	0.0041	0.01379
Ru foil	Ru-Ru	2.672	8.376	0.0033	0.00849

3. 界面材料丁二腈之鑑定

使用固態電解質取代液態電解質可提升電池安全且避免電解質漏液或揮發等問題。然使用固態電解質將遭遇陰極界面接觸性差之問題，進而造成陰極催化反應動力學遲緩，導致電池性能於充放電過程中逐漸衰退。故本研究開發藉塑化晶體丁二腈 (SN) 以改善陰極界面接觸，並於其中摻入 7.5 wt% 之過氯酸鈉以提升其離子導電性。本研究藉 X 光繞射圖譜分析丁二腈之晶體特性，如圖 5-14 所示。純 SN 於 20° 與 28° 之繞射峰分別對應於 (011) 與 (002) 晶面，此兩晶面為 SN 長程 (long-range) 結構有序之特性。摻入 7.5 wt% 之過氯酸鈉後，此兩晶面皆消失且 SN 變為非晶型之結構，且無任何過氯酸鈉之繞射峰，意即過氯酸鈉完全溶解於 SN 中。本研究配製之 SN 於 50°C 將熔化為液態，當溫度降至室溫後即固化，如圖 5-14(b) 所示。藉 SN 低熔點之特性，將 50 微升之 SN 溶液滴於陰極片上，於 SN 固化前將固態電解質片 NZSP 蓋上以達改善陰極界面接觸之目的。

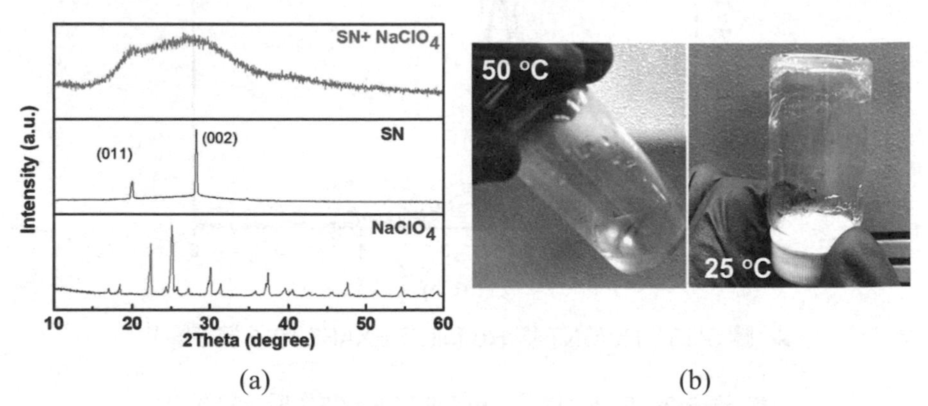

(a) (b)

▲ 圖 5-14 (a) SN 摻入 7.5 wt% 之過氯酸鈉、純 SN 與過氯酸鈉之 XRD 圖；(b) SN 摻入 7.5 wt% 之過氯酸鈉分別於 25°C 與 50°C 之示意圖 [13]

本研究藉電化學阻抗譜 (EIS) 分析鈉二氧化碳電池於使用 SN 改善陰極界面前後之界面性質，如圖 5-15 所示。無滴加 SN 於陰極時，其 EIS 圖形於高頻區域具一半圓，此半圓對應 NZSP 之晶粒與晶界阻抗，而低頻區之斜直線對應陰極界面之特性。應陰極界面為一反射邊界 (reflective boundary)，意即 Ru/CNT 陰極為一阻擋電極 (blocking electrode)，鈉離子無法於陰極界面遷移，此現象將使鈉二氧化碳電池無法進行充放電。滴加 SN 於陰極後，其 EIS 圖形爲兩半圓，於低頻區之半圓對應陰極界面之離子擴散，意即 SN 有效改善陰極界面之電荷轉移。

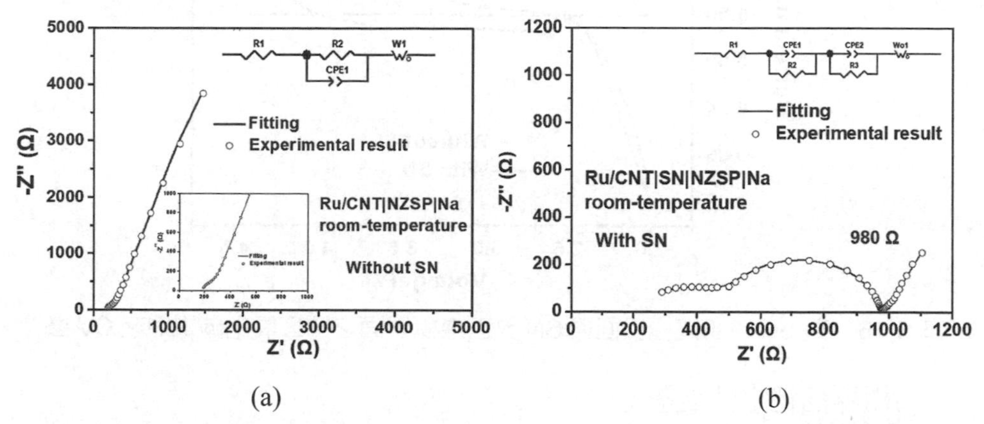

▲ 圖 5-15 (a) 無 SN 改善陰極界面；(b) SN 改善陰極界面之鈉二氧化碳電池之電化學阻抗圖 [13]

欲鑑定 SN 之電化學穩定性，本研究藉循環伏安法 (CV) 分析 SN 於鈉二氧化碳電池充放電過程中之穩定性並分析氧化還原峰値。於手套箱內組裝通氣世偉洛克電池後，置於 2N 之二氧化碳環境中穩定八個小時，以 0.1 mV/s 掃描速率於 2.0 ～ 4.5 V 區間進行來回掃描。如圖 5-16 所示，於 2 V 之還原電流峰對應二氧化碳還原反應 (carbon dioxide reduction reaction, CDRR)，於 4.2 V 之氧化電流峰則對應二氧化碳析出反應 (carbon dioxide evolution reaction, CDER)，無其餘電流峰值可對應 SN 之氧化還原反應，證實 SN 於鈉二氧化碳電池充放電過程中具良好之電化學穩定性。本研究亦比較使用 SN 改善前後之催化活性，無滴加 SN 時，於 CV 圖形中之電流訊號極小，與滴加 SN 後之訊號相比，無明顯之氧化還原電流峰値。此可歸因於陰極界面接觸性差使得離子擴散不易，造成電化學催化性能之差異，由上述結果證實 SN 於本研究中具極重要之角色。

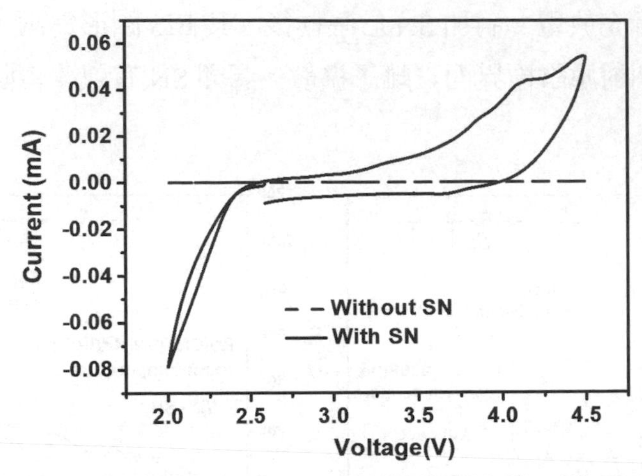

▲ 圖 5-16　無 SN 改善陰極界面與 SN 改善陰極界面之鈉二氧化碳電池之 CV 圖 [13]

4.　陽極界面穩定性之鑑定

鈉金屬具極高之化學活性，易與電解質產生自發性之副反應，形成一層由界面副反應產物所形成之固態電解質界面 (SEI)。然多數 SEI 不具理想之離子導電度，造成充放電之過電位增加與庫倫效率降低。欲探討鈉陽極與固態電解質 NZSP 之界面穩定性，本研究與中國科學院尹力長研究員團隊合作，藉密度泛函理論 (DFT) 解釋陽極界面之穩定性，如圖 5-17 所示，NZSP 之導帶 (conduction band) 主要由 Zr 3*d* 軌域貢獻，價帶 (valence band) 主要由 O 2*p* 軌域貢獻，經計算可得價帶與導帶之能隙 (band gap) 爲 4.46 eV，與先前已報導之文章相近。[17] 以 NZSP 之其中三晶面 (001)、(100) 與 (101) 之功函數 (work function) 進行計算，可得 (001)、(100) 與 (101) 之功函數分別爲 5.38、5.69 與 4.84 eV，如圖 5-18 所示，功函數越大，其穩定性越高，意即 (100) 晶面較爲穩定且易暴露於 NZSP 表面，將 NZSP 之能隙 (4.46 eV) 納入考量即可得 (001)、(100) 與 (101) 三晶面之導帶與眞空能階 (vacuum level) 之能隙分別爲 0.92、1.23 與 0.38 eV。另藉體心立方晶格 (body centered cubic; bcc) 之鈉金屬 (110) 晶面爲例，其計算所得之費米能階 (Fermi energy level) 與眞空能階之能隙爲

2.66 eV，其對應之電鍍電位 (plating voltage) 與眞空能階之能隙爲 1.78 eV，與 NZSP(100) 晶面導帶之能隙爲 0.55 eV。若陽極電鍍電位之能階低於電解質之最低未佔有分子軌域 (lowest unoccupied molecular orbital; LUMO)，此電解質將不被陽極還原而產生界面副反應。然因 NZSP(100) 晶面之導帶與鈉陽極電鍍電位僅爲 0.55 eV。若施以較大之外加電位於電池系統中，NZSP 仍可能遭鈉陽極還原。且理論計算之基礎建立於 NZSP 爲完美晶體且無任何缺陷，故本研究另以實驗方式證實 NZSP 之電化學穩定性。

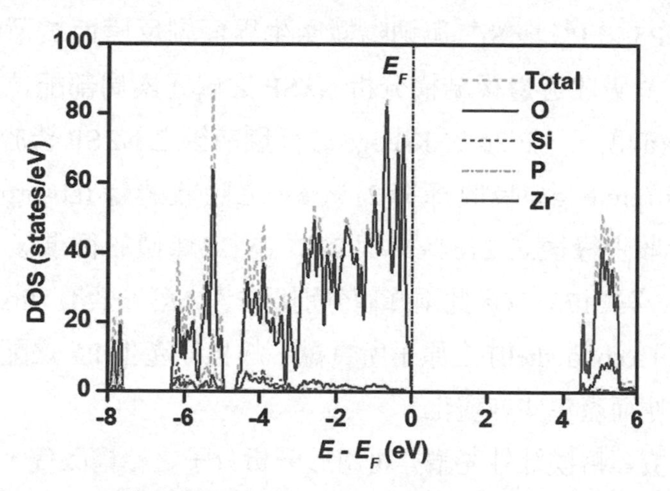

▲ 圖 5-17 固態電解質 NZSP 之狀態密度 (density of state) 圖 [13]

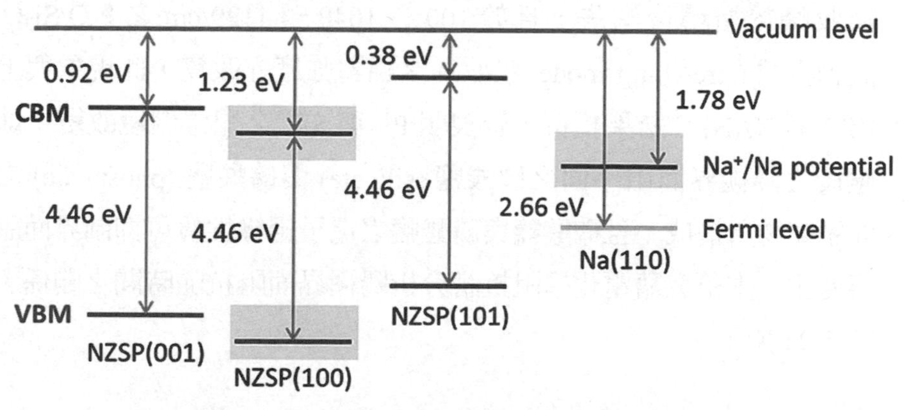

▲ 圖 5-18 NZSP 與鈉金屬之相對能階排列圖 [13]

鈉二氧化碳電池於多次循環後，將電池拆下並藉乙醇清洗經循環後之 NZSP 以便後續之分析。本研究藉 X 射線光電子能譜分析循環後之 NZSP 表面元素價態進而探討陽極界面之穩定性。如圖 5-19 所示，Zr 3d 能譜中之 3$d_{3/2}$ 與 3$d_{5/2}$ 峰值經循環後僅些許偏移，即 NZSP 之 Zr^{4+} 與鈉金屬接觸較為穩定，且可證實 NZSP 與鈉陽極形成之界面層非為混合導電界面 (mixed conducting interphase, MCI)，於 Si 2p 能譜中得知 2p 之峰值由 102.9 eV 偏移至 102.4 eV，而 P 2p 能譜中之 2p 峰值則由 134.3 eV 偏移至 133.9 eV，P 與 Si 之束縛能偏移可歸因於 NZSP5 之 P^{5+} 與 Si^{4+} 與鈉陽極產生界面副反應而被還原。本研究亦藉 X 光吸收近邊緣結構分析 NZSP 之磷元素局部配位之改變，如圖 5-20(a) 所示，P 2p 之 K-edge 於循環前後之 NZSP 皆於 2152 eV 具一邊前 (pre-edge) 吸收峰與 2154 eV 之吸收邊緣 (absorption edge)，然於吸收邊緣後之 2164 eV 與 2171 eV 之峰值於循環後分別偏移至 2163 eV 與 2173 eV，此兩峰值分別為 P^{5+} 之第一殼層 (first shell) 與第二殼層 (second shell) 之原子所貢獻，故推測產生 P^{5+} 之配位環境因界面副反應而產生些許變化。

傅立葉轉換紅外光譜亦可用於分析分子之結構改變，如圖 5-20(b) 所示，可得知於 800/cm 之 P-O-P/Si-O-Si 之彎曲模式 (bending mode) 吸收峰於循環後消失，且於 1005、1040 與 1129/cm 之 P-O/Si-O 之振動模式 (stretching mode) 吸收峰之相對強度亦改變，此現象與上述 XPS 與 XANES 結果相符，皆表明 P^{5+} 與 Si^{4+} 之配位環境改變，即反應後之陽極界面由不同之矽酸鹽 (silicate) 與磷酸鹽 (phosphate) 之界面副產物所構成，且矽酸鹽與磷酸鹽之電子絕緣性質可抑制界面副反應產生，本研究藉電化學阻抗譜分析陽極界面阻抗隨時間之關係，如圖 5-21 所示。

交流阻抗系統爲雙面對稱鈉金屬之 NZSP(Na | NZSP | Na)，經一天之接觸後，陽極界面阻抗由 722 Ω 上升至 1368 Ω，此可歸因於界面副產物具較低之離子導電度，而經多天之接觸後，陽極界面阻抗可維持於約 1403 Ω 而不再增加，此結果與本研究之推測相符，NZSP 與鈉金屬之界面爲動力學穩定界面 (kinetically stable interphase)。

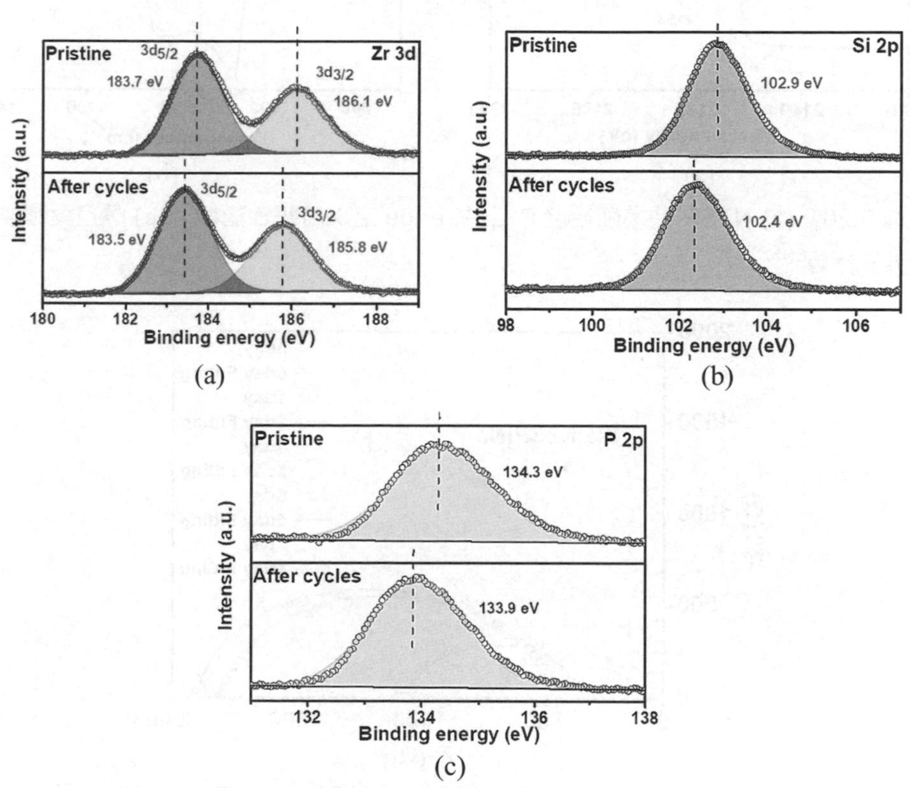

▲ 圖 5-19 (a) NZSP 循環前後之 Zr 3*d*；(b) Si 2*p*；(c) P 2*p* 之 XPS 圖 [13]

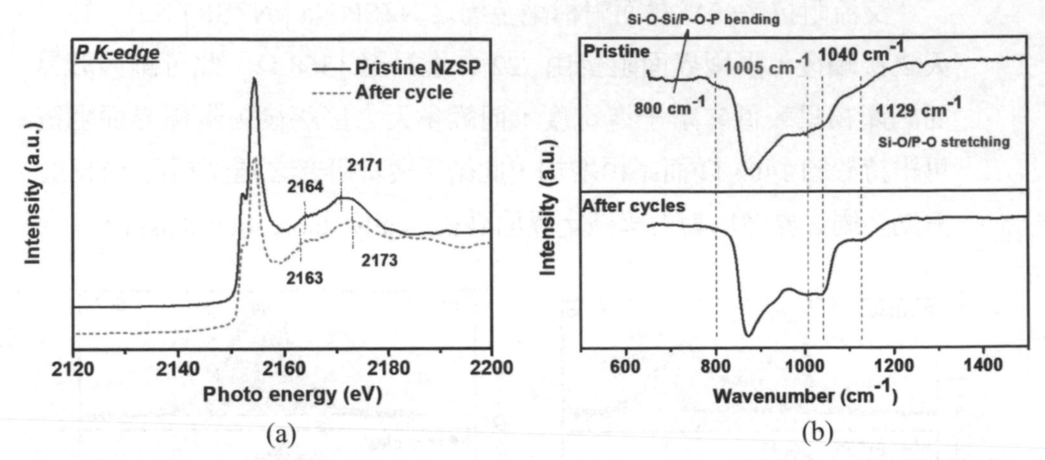

▲ 圖 5-20　(a) NZSP 循環前後之 P 2*p* K-edge 之 XANES 譜圖；(b) 傅立葉轉換紅外光譜圖 (13)

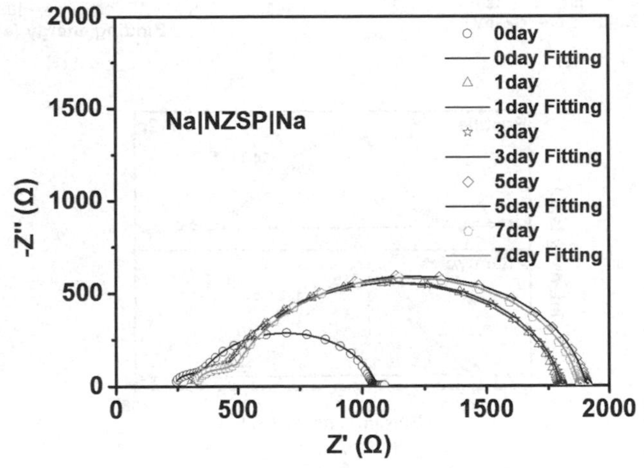

▲ 圖 5-21　NZSP 與鈉金屬之界面阻抗隨時間增加之電化學阻抗圖 (13)

5.　穩定性循環充放電與最大放電測試

欲探討釕奈米粒子 / 奈米碳管複合材料之電性表現，本研究藉充放電儀測定世偉洛克電池之循環壽命。以 100 mA/g 電流密度於截止電壓爲 2.0 V vs Na/Na^+ 之條件下進行釕奈米粒子 / 奈米碳管複合材料與碳紙 (carbon paper) 之最大放電測試圖。如圖 5-22 所示，藉釕奈

米粒子 / 奈米碳管複合材料爲陰極之鈉二氧化碳電池可提供 28,830 mAh/g 之最大放電電容量，然藉碳紙爲陰極之電池僅提供 1,829 mAh/g 之最大放電電容量，最大放電電容量之差異可突顯釕奈米粒子 / 奈米碳管複合材料之高催化活性。

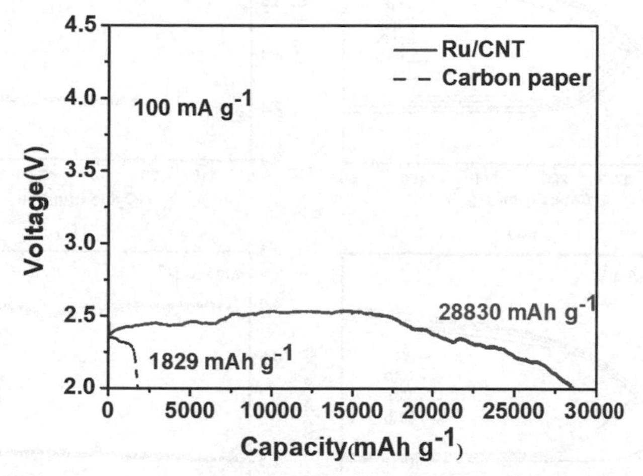

▲ 圖 5-22 釕奈米粒子 / 奈米碳管複合材料與碳紙之鈉二氧化碳電池最大放電圖 (13)

欲測試複合材料之循環穩定性，本研究設定截止電容量 500 mAh/g 於 2.0 ～ 4.5 V vs. Na/Na^+ 區間且分別以電流密度 50、100 與 200 mA/g 進行充放電循環測試。如圖 5-23 所示，隨循環增加，充電電位逐漸增加，其原因推測爲放電產物碳酸鈉於多次循環中並未完全被分解，逐步堆積於陰極表面而使充電過電位增加。於 50 mA/g 電流密度測試下電池可穩定充放電達 70 次，於 100 mA/g 電流密度下可達 50 次穩定充放電，於 200 mA/g 高電流密度下亦可達 25 次穩定充放電。

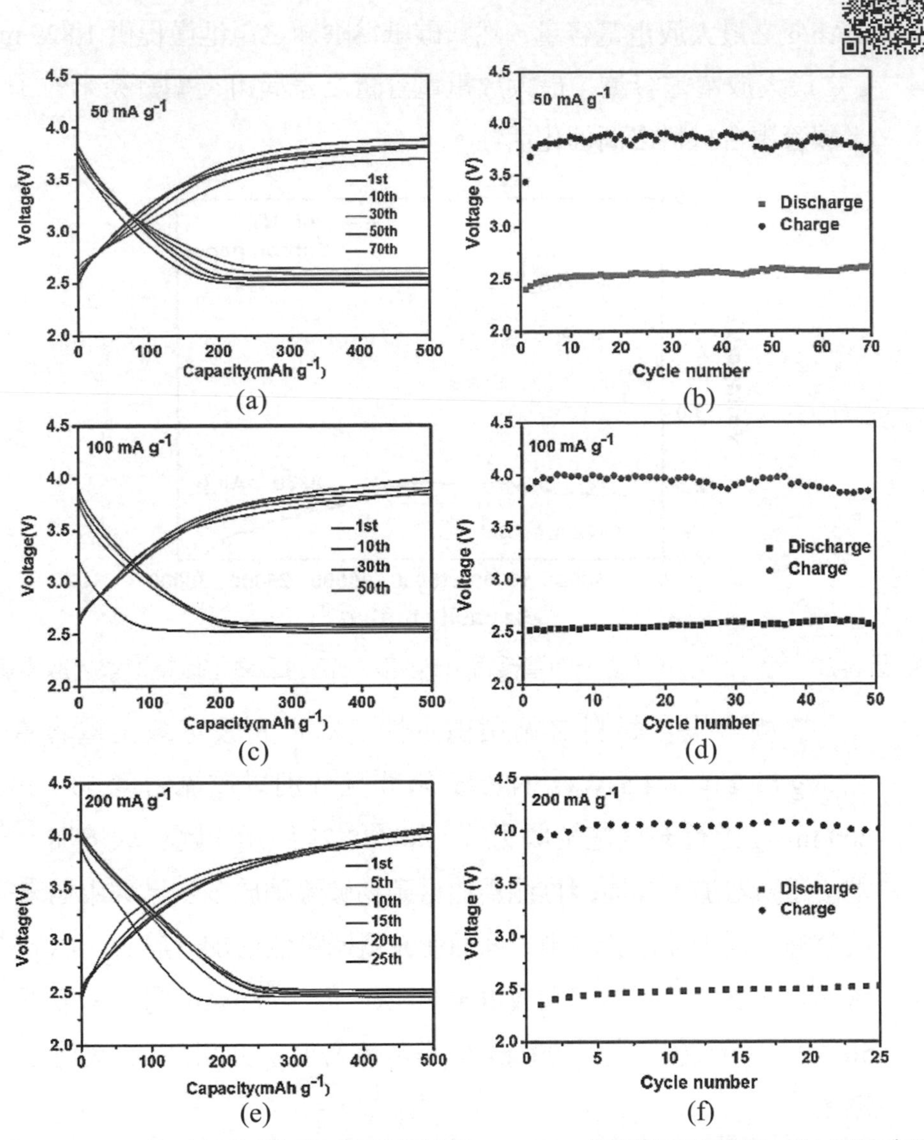

▲ 圖 5-23　(a) 鈉二氧化碳電池於電流密度 50 mA/g 之循環充放電圖；(b) 電流密度 50 mA/g 之循環充放電之電位進展圖；(c) 於電流密度 100 mA/g 之循環充放電圖；(d) 電流密度 100 mA/g 之循環充放電之電位進展圖；(e) 於電流密度 200 mA/g 之循環充放電圖；(f) 電流密度 200 mA/g 之循環充放電之電位進展圖 [13]

5-3-2 全固態鈉碳複合陽極二氧化碳電池之鑑定與分析

使用固態電解質之電池常因陽極界面副反應與鈉 (鋰) 枝晶穿刺電解質而使電池失效。然本研究於 5-3-1 節已闡述 NZSP 與鈉陽極間之界面具動力學穩定性，其可抑制界面副反應加劇。然 NZSP 與鈉陽極之接觸爲點對點 (point-to-point) 接觸，其將造成充放電過程中之電流分布不均，進而形成鈉枝晶 (sodium dendrite) 穿刺電解質而使電池短路之風險。故本研究於第二部分開發鈉碳複合陽極以改善陽極界面接觸且抑制鈉枝晶形成。

1. 鈉碳複合陽極之配製

   鑑於前人於全固態鋰離子電池之複合陽極研究，本研究分別藉石墨 (graphite)、石墨化氮化碳 (graphitic carbon nitride, g-C_3N_4) 與碳黑 (carbon black) 作爲前驅物，與鈉金屬於 300°C 之條件下共熱 30 分鐘，如圖 5-24 所示。鈉金屬於 300°C 將內縮爲一鈉球，石墨與 g-C_3N_4 之親鈉性 (sodiophilic property) 較差，無法將熔融態之鈉金屬融入石墨與 g-C_3N_4 中，然碳黑具極佳之親鈉性，可有效將鈉金屬融入其結構中且改善鈉金屬之潤濕性。

(a)

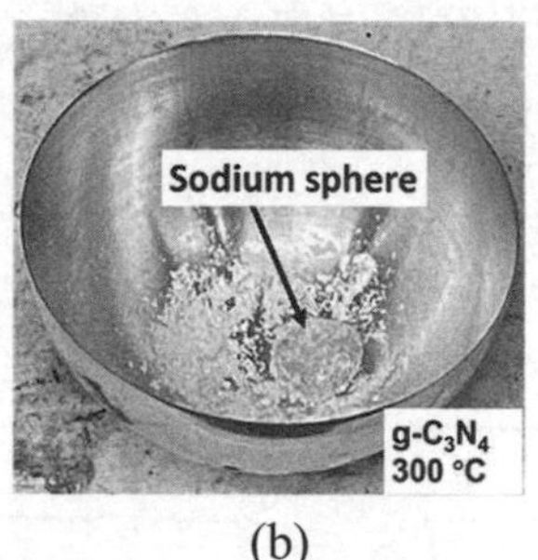

(b)

(c)

▲ 圖 5-24 (a) 鈉金屬與石墨；(b) g-C_3N_4；(c) 碳黑共熱之示意圖 [18]

根據上述碳基材料與鈉金屬共熱之結果，本研究分別藉 X 光吸收光譜、X 光繞射光譜與拉曼光譜分析碳黑具較高之親鈉性之原因，如圖 5-25 所示。於石墨之 X 光吸收近邊緣結構中可得知 π^* 與 σ^* 之吸收峰分別於 285.5 eV 與 291.4 eV，而 g-C_3N_4 之 π^* 與 σ^* 吸收峰分別偏移至 287.9 eV 與 293.7 eV，此結果與先前已報導之文章相近 (19~21)，皆表明石墨與 g-C_3N_4 為層狀結構。層狀結構之資訊亦可由 X 光繞射光譜與拉曼光譜得知，如圖 5-26 與圖 5-27 所示。由石墨之拉曼光譜中可得知其具較低之 D/G 比例 (0.52) 且 X 光繞射光譜中具高強度之石墨 (002) 晶面之繞射峰。g-C_3N_4 之伸縮振動模式雖非為拉曼活性 (Raman active)，其 X 光繞射光譜之 (002) 晶面仍顯示其為高度有序之層狀結構。然高度有序之層狀結構將使其親鈉性較差，此可歸因於石墨之層間距離 (3.35 Å) 與 g-C_3N_4 之層間距離 (3.26 Å) 過小以至於鈉原子無法嵌入其中。相較於石墨與 g-C_3N_4，具無序結構之碳黑反而具較高之親鈉性，於碳黑之 X 光吸收近邊緣結構中可得知 σ^* 吸收峰偏移至 288.3 eV，此可歸因於其無序之結構，且其 π^* 吸收峰於 284.5 eV 變為兩吸收峰，此意指碳黑之石墨化程度較低。由碳黑之拉曼光譜可知其具較高之 D/G 比例 (0.98) 且 X 光繞射光譜中具強度較弱且寬廣之繞射峰，皆指明碳黑之無序結構特性，故本研究推測碳黑具較高之親鈉性可歸因於其無序結構。

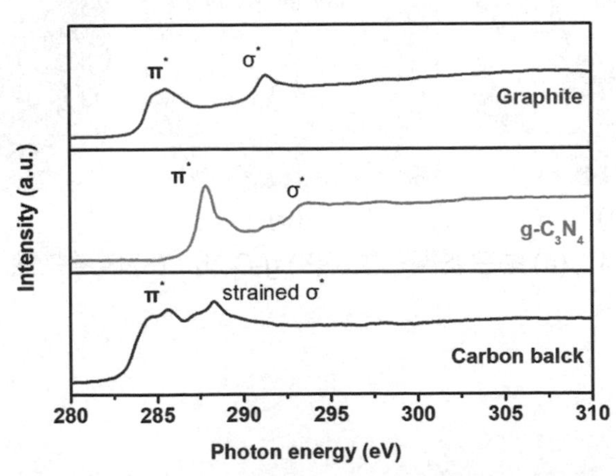

▲ 圖 5-25 (a) 石墨；(b) g-C_3N_4；(c) 碳黑之 XANES 圖譜 (18)

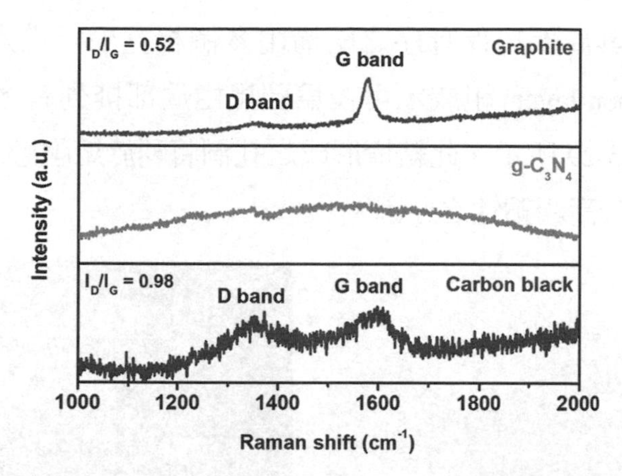

▲ 圖 5-26 (a) 石墨；(b) g-C_3N_4；(c) 碳黑之拉曼光譜 (18)

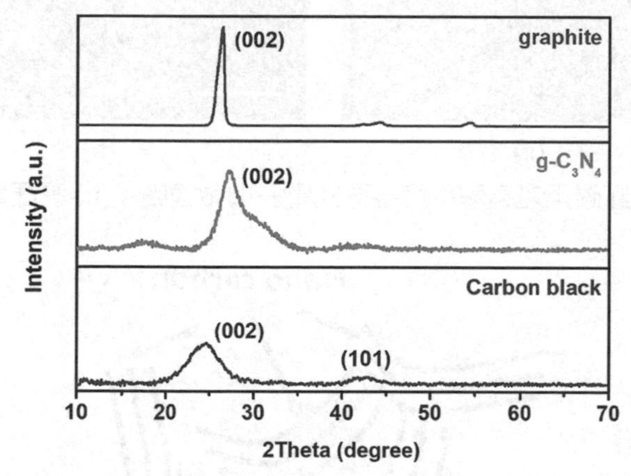

▲ 圖 5-27 (a) 石墨、(b) g-C_3N_4 與 (c) 碳黑之 X 光繞射光譜 (18)

欲進一步探討碳黑之高親鈉性，本研究藉穿透式電子顯微鏡分析碳黑之微觀結構。圖 5-28 爲碳黑之高解析度穿透式電子顯微鏡圖 (high-resolution transmission electron microscope; HRTEM) 與選圈電子繞射圖 (selected area electron diffraction; SAED)，可得知碳黑具平均孔洞大小約爲 40 nm 之孔洞結構。其 SAED 中無繞射環 (diffraction ring)，由 HRTEM 可得知碳黑之晶格排列爲無序。以上現象指明碳黑爲非晶型結構。由 HRTEM 亦可知碳黑之晶格排列爲短程有序而長程無序，而其局部短程有序之結構由多個相互平行之六方 (hexagonal) 碳層 (carbon layer) 組成，可視爲碳黑由局部排列有序之奈米碳所構成，如圖 5-29 所示。此結構形成之孔洞將利於熔融態之鈉金屬滲入，即碳黑具較高親鈉性之原因。

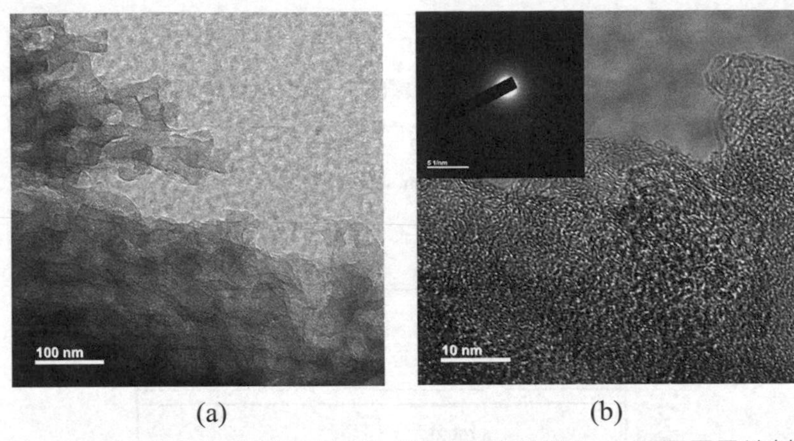

▲ 圖 5-28　(a) 碳黑之高解析度穿透式電子顯微鏡圖；(b) 選圈電子繞射圖 (18)

▲ 圖 5-29　奈米碳構成之碳黑示意圖 (18)

2. 鈉碳複合陽極之鑑定

本研究藉鈉金屬與 5 wt% 之碳黑配製鈉碳複合陽極 (Na@C)，其 SEM 與相對應之 EDS mapping 如圖 5-30(a) 與 (b) 所示。可得知碳黑均勻分布於鈉碳複合陽極中，且鈉化 (sodiated) 碳黑顆粒亦可於 SEM 中觀察，如圖 5-30(c) 與 (d) 所示。高導電性之碳黑亦可作爲集流體，有效改善陽極中之電荷分布且抑制鈉陽極於充放電過程中之體積膨脹。

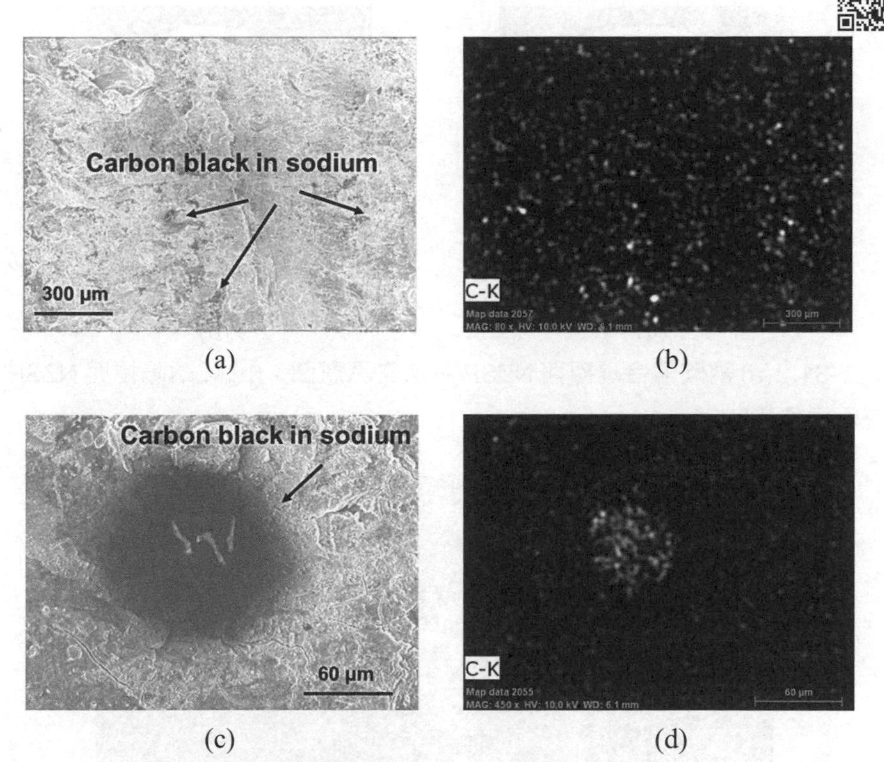

▲ 圖 5-30　(a) 鈉碳複合陽極之 SEM 圖；(b) 相對應之 EDS 圖；(c) 鈉化碳黑顆粒之 SEM 圖；(d) 相對應之 EDS 圖 [18]

欲分析鈉碳複合陽極與 NZSP 間之界面性質，本研究將配製完成之鈉碳複合陽極與 NZSP 於 300°C 共熱 30 分鐘，如圖 5-31 所示。鈉碳複合陽極可潤濕 NZSP 之表面且無明顯之形變，相比於純鈉陽極於相同條件下與 NZSP 共熱，鈉陽極將內縮爲一鈉球，此現象可歸因於將碳黑摻入鈉陽極中可降低其表面張力。本研究進一步藉 SEM 觀察陽極界面之微觀接觸，如圖 5-32 所示，可得知純鈉陽極與 NZSP 間具相當大之間隙，導致其界面阻抗較大，亦造成其於充放電過程之電流分布不均進而促使鈉枝晶生成。然藉鈉碳複合陽極改善後可與 NZSP 緊密接觸，如圖 5-33 所示，陽極界面無任何明顯之間隙存在，即可有效降低界面阻抗且抑制鈉枝晶之生成。

(a)

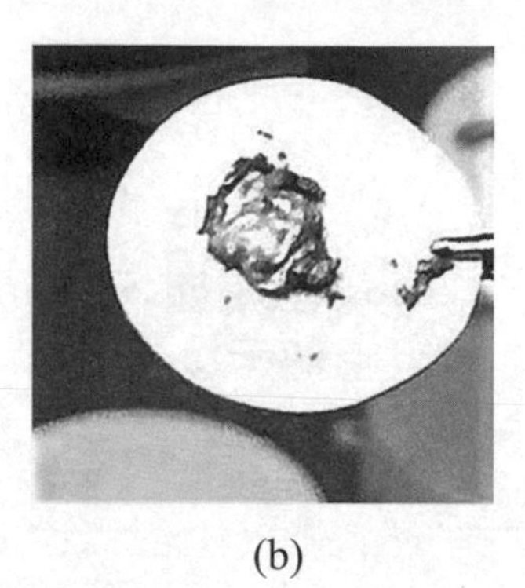

(b)

▲ 圖 5-31 (a) 鈉碳複合陽極與 NZSP 共熱之示意圖；(b) 純鈉陽極與 NZSP 共熱之示意圖 (18)

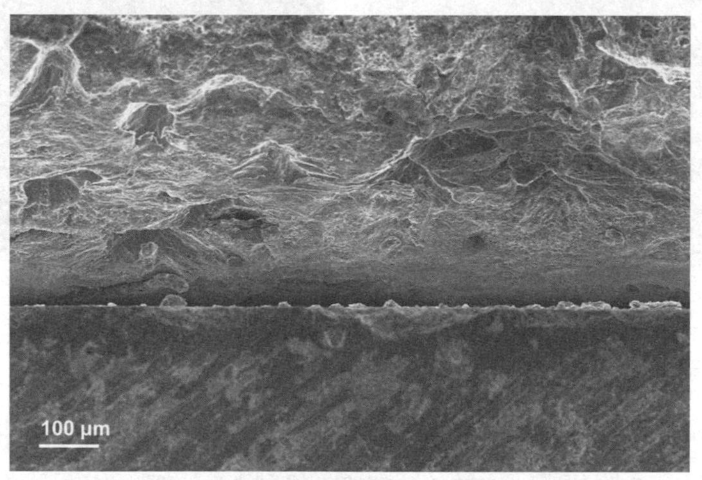

▲ 圖 5-32 純鈉陽極與 NZSP 之截面 SEM 圖 (18)

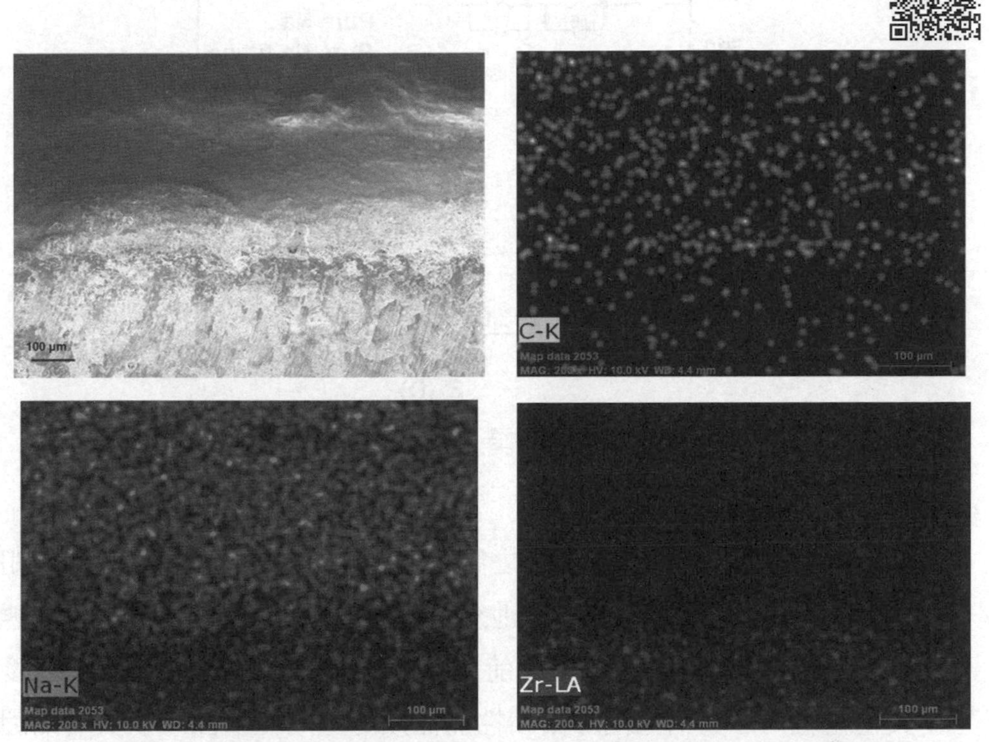

▲ 圖 5-33 鈉碳複合陽極與 NZSP 之截面 SEM 圖與各元素 EDS 圖 (18)

3. 電化學阻抗譜比較

本研究藉電化學阻抗譜分析鈉碳複合陽極與 NZSP 之界面阻抗，如圖 5-34 所示。交流阻抗系統爲雙面對稱鈉陽極之 NZSP(Na | NZSP | Na) 時，系統總阻抗爲 528 Ω，而交流阻抗系統爲雙面對稱鈉碳複合陽極之 NZSP(Na@C | NZSP | Na@C) 時，系統總阻抗降至 290 Ω。其界面阻抗亦爲由 416 Ω 降至 178 Ω。界面阻抗之降低可歸因於鈉碳複合陽極之高潤濕性，使 NZSP 與鈉碳複合陽極之接觸更緊密。

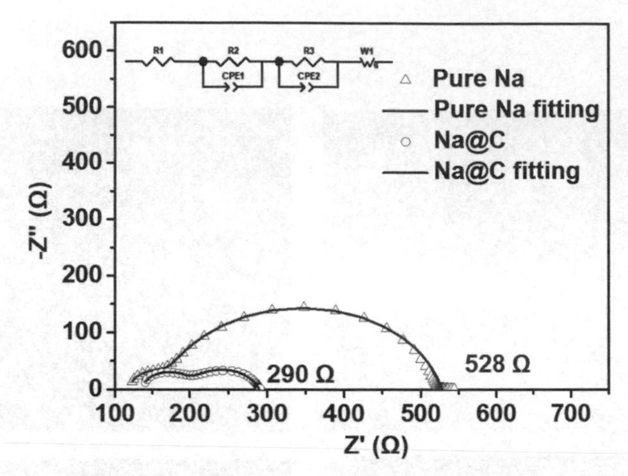

▲ 圖 5-34 雙面對稱鈉陽極與雙面對稱鈉碳複合陽極之電化學阻抗譜 (18)

4. 對稱電池穩定性循環測試

欲探討陽極界面改善前後之電池性能，本研究藉世偉洛克電池組裝雙面對稱電池，使用對稱電池須考量陽極界面之電化學特性與固態電解質之導電性與穩定性。如前文所述，NZSP 具理想之離子導電度與穩定性，故對稱電池之循環性能僅須考量陽極界面之差異。如圖 5-35 所示，對稱電池爲雙面鈉陽極之 NZSP(Na | NZSP | Na) 於電流密度爲 100 $\mu A/cm^2$ 之條件下循環壽命僅 5 小時，隨後電位降至趨近於零。此可歸因於鈉陽極與 NZSP 間之界面物理接觸性差，於循環過程中形成之鈉枝晶穿刺 NZSP 使電池短路。將電池拆裝後於 NZSP 表面與截面皆具明顯之黑點，由 SEM 截面圖證實黑點爲鈉枝晶穿刺之痕跡，如圖 5-36 所示。相較於 Na | NZSP | Na 之對稱電池，雙面鈉碳複合陽極之 NZSP(Na@C | NZSP | Na@C) 於相同條件下可穩定循環 160 小時，且過電位僅爲 40 mV，隨後於 163 小時即短路，兩對稱電池之循環表現差異可歸因於鈉碳複合陽極使界面接觸更加緊密，進而降低局部電流密度 (local current density) 而抑制鈉枝晶生成。

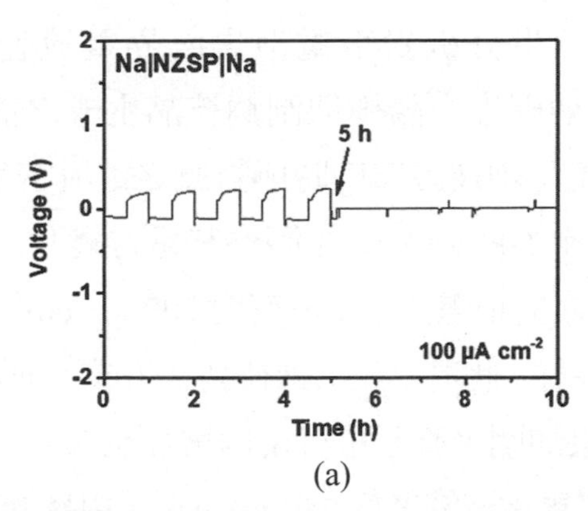

(a)

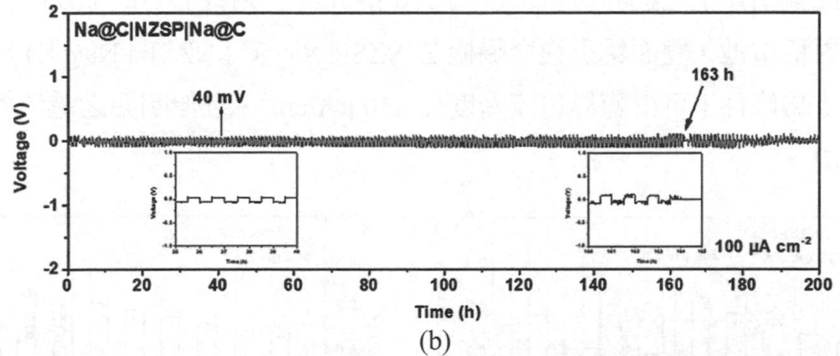

(b)

▲ 圖 5-35 (a) 雙面對稱鈉陽極；(b) 雙面對稱鈉碳複合陽極之循環測試圖 (18)

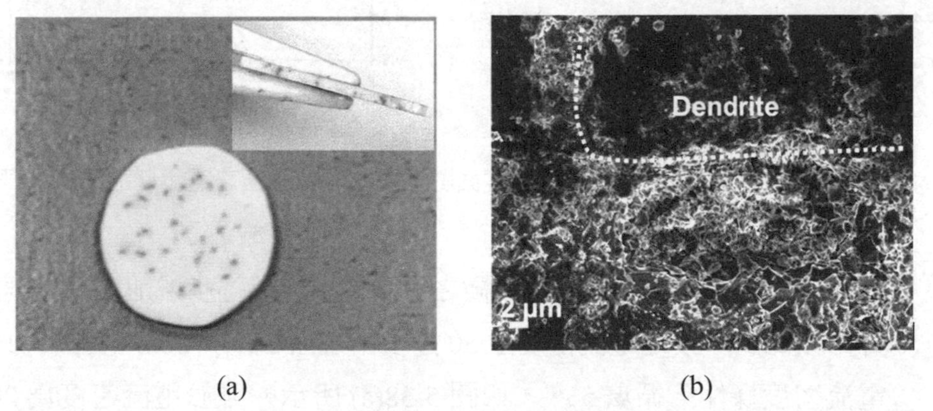

(a) (b)

▲ 圖 5-36 (a) 循環後之 NZSP 表面與截面圖與 (b) NZSP 之截面 SEM 圖 (18)

本研究進一步分析對稱電池之臨界電流密度 (critical current density) 以闡述鈉碳複合陽極抑制鈉枝晶生成之能力，臨界電流密度爲對稱電池產生鈉枝晶穿刺時所對應之電流密度。設定電流密度由 50 逐步增加至 500 μA/cm^2 並觀察其電位變化。如圖 5-37 所示，Na | NZSP | Na 之對稱電池於電流密度 200 μA/cm^2 可觀察至電位遲滯 (voltage hysteresis)，此現象表示鈉枝晶之生成，而隨電流密度增加，其電位遲滯現象加劇，直至電流密度增加至 250 μA/cm^2 即短路，故此對稱電池之臨界電流密度爲 250 μA/cm^2。相較於 Na | NZSP | Na 之對稱電池，雙面鈉碳複合陽極之 NZSP(Na@C | NZSP | Na@C) 於相同實驗條件下可得臨界電流密度爲 350 μA/cm^2，且無明顯之電位遲滯現象。

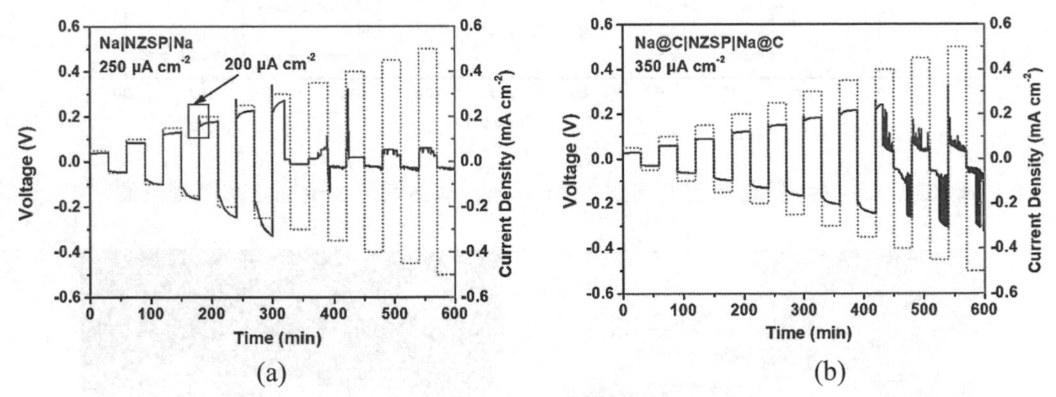

▲ 圖 5-37 (a) 雙面對稱鈉陽極；(b) 雙面對稱鈉碳複合陽極之逐步增加電流密度之循環測試圖 [18]

欲進一步探討鈉碳複合陽極之耐受性，再以逐步增加電流密度進行循環測試，設定電流密度由 50 逐步增加至 250 μA/cm^2，並於每一電流密度條件下循環 5 次，如圖 5-38(a) 所示。雖於電流密度爲 200 與 250 μA/cm^2 出現些微電位遲滯現象，然其仍可進行穩定循環而不短路。於較高之電流密度 200 μA/cm^2 進行穩定性循環測試，其循環壽命可達 120 小時，如圖 5-38(b) 所示。經鈉碳複合陽極改善之循環壽命與高電流密度耐受性皆表明其有效提升界面之物理接觸且抑制鈉枝晶生成。

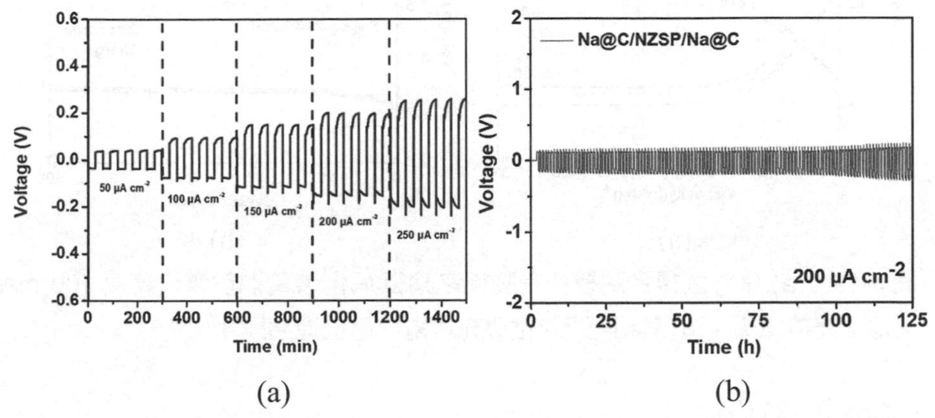

▲ 圖 5-38 (a) 雙面對稱鈉陽極；(b) 雙面對稱鈉碳複合陽極之逐步增加電流密度之循環測試圖 (18)

5. 穩定性循環充放電測試

鑑於上述使用鈉碳複合陽極所得之改善成果，本研究藉鈉碳複合陽極取代純鈉陽極以組裝鈉二氧化碳電池，設定截止電容量 500 mAh/g 於 2.0 ～ 4.5 V vs Na/Na^+ 區間並以電流密度爲 100 mA/g 進行充放電循環測試，如圖 5-39 所示。其可穩定循環充放電達 105 次，且充放電平台之電位差爲 1.1 V。相比於 3-1-5 節藉純鈉金屬作爲陽極之鈉二氧化碳電池，其循環充放電可達 50 次，且充放電平台之電位差爲 1.4 V，使用鈉碳複合陽極可將循環充放電次數提升近 2 倍且降低過電位。該結果亦證實鈉碳複合陽極之高潤濕性提高其與 NZSP 之接觸性，抑制鈉枝晶生成並提升電池性能。

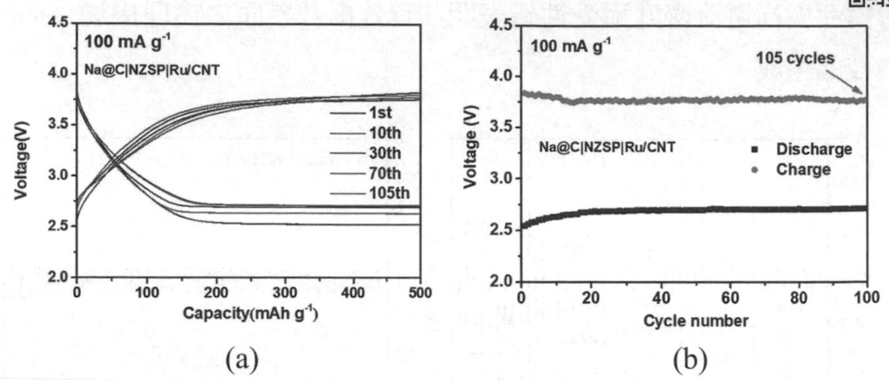

▲ 圖 5-39 (a) 藉鈉碳複合陽極作為陽極之鈉二氧化碳電池於電流密度 100 mA/g 之循環充放電圖；(b) 其相對應之循環充放電之電位進展圖 [18]

5-4 結論

本研究介紹以冷凝回流法合成釕奈米粒子 / 奈米碳管複合材料作爲陰極觸媒，且藉鈉鋯矽磷氧作爲固態電解質應用於鈉二氧化碳電池，引進塑化晶體丁二腈修飾陰極界面，克服以往固態電解質難以應用於鈉二氧化碳電池之窘境。丁二腈可有效增進固態電解質與陰極觸媒之接觸，且其高離子導電性亦利於界面間電荷轉移。本研究另開發鈉碳複合陽極，改善陽極界面接觸，可降低局部電流密度並抑制鈉枝晶生成，提升電池性能與壽命。本研究之結論如下：

1. 本研究引入塑化晶體丁二腈於陰極界面，藉其低熔點之特性使固態電解質與陰極觸媒緊密接觸，並藉電化學阻抗譜證實丁二腈有效改善界面之電荷轉移，且藉 CV 確認丁二腈於充放電過程中之電化學穩定性。

2. 藉 DFT、XAS、FT-IR 與 EIS 證實 NZSP 與鈉陽極之界面性質，兩者副反應所生成之界面層具較低之導電性，其具動力學穩定性並可抑制界面副反應持續發生。
3. 本研究爲首度藉固態電解質應用於鈉二氧化碳電池，分別於 50、100 與 200 mA/g 電流密度下可穩定循環 70、50 與 25 次，且最大電容量可達 28,830 mAh/g，電性表現可與液態電解質之鈉二氧化碳電池相比。
4. 藉 XAS、XRD、Raman 光譜與 HRTEM 解釋碳黑具較高之親鈉性，碳黑爲多個奈米碳所構成之孔洞結構，將利於熔融態之鈉金屬滲入並配製鈉碳複合陽極，且以藉 TEM 與 SEM 證實鈉碳複合陽極使其與 NZSP 界面接觸更加緊密。
5. 藉 EIS 分析經鈉碳複合陽極改善界面接觸後，界面阻抗由 528 Ω 降至 290 Ω 且臨界電流密度由 250 提升至 350 $\mu A/cm^2$，於電流密度爲 100 mA/g，截止電容量爲 500 mAh/g 之條件下，可穩定循環 105 次，皆表明鈉碳複合陽極可有效抑制鈉枝晶生成且提升電池性能，可望滿足未來混合動力車系統之需求，亦可作爲未來火星探索之能源供給。

參考文獻

(1) Raftery, A. E.; Zimmer, A.; Frierson, D. M. W.; Startz, R.; Liu, P., Less Than 2 °C Warming by 2100 Unlikely. Nat. Clim. Chang. 2017, 7, 637–641.

(2) Kang, B.; Ceder, G., Battery Materials for Ultrafast Charging and Discharging. Nature 2009, 458, 190–193.

(3) Li, M.; Lu, J.; Chen, Z.; Amine, K., 30 Years of Lithium-Ion Batteries. Adv. Mater. 2018, 30, 1800561.

(4) Cheng, F.; Wang, H.; Zhu, Z.; Wang, Y.; Zhang, T.; Tao, Z.; Chen, J., Porous $LiMn_2O_4$ Nanorods with Durable High-Rate Capability for Rechargeable Li-Ion Batteries. Energy Environ. Sci. 2011, 4, 3668–3675.

(5) Armand, M.; Tarascon, J.-M., Building Better Batteries. Nature 2008, 451, 652–657.

(6) Das, S. K.; Xu, S.; Archer, L. A., Carbon Dioxide Assist for Non-Aqueous Sodium–Oxygen Batteries. Electrochem. Commun. 2013, 27, 59–62.

(7) Gao, S.; Lin, Y.; Jiao, X.; Sun, Y.; Luo, Q.; Zhang, W.; Li, D.; Yang, J.; Xie, Y., Partially Oxidized Atomic Cobalt Layers for Carbon Dioxide Electroreduction to Liquid Fuel. Nature 2016, 529, 68–71.

(8) Hu, X.; Sun, J.; Li, Z.; Zhao, Q.; Chen, C.; Chen, J., Rechargeable Room-Temperature Na–CO_2 Batteries. Angew. Chem. Int. Ed. 2016, 55, 6482–6486.

(9) Hu, X.; Li, Z.; Zhao, Y.; Sun, J.; Zhao, Q.; Wang, J.; Tao, Z.; Chen, J., Quasi-Solid State Rechargeable Na–CO_2 Batteries with Reduced Graphene Oxide Na Anodes. Sci. Adv. 2017, 3, e1602396.

(10) Hu, X.; Joo, P. H.; Matios, E.; Wang, C.; Luo, J.; Yang, K.; Li, W., Designing an All-Solid-State Sodium–Carbon Dioxide Battery Enabled by Nitrogen-Doped Nanocarbon. Nano. Lett. 2020, 20, 3620–3626.

(11) Lu, Y.; Cai, Y.; Zhang, Q.; Liu, L.; Niu, Z.; Chen, J., A Compatible Anode/Succinonitrile-Based Electrolyte Interface in All-Solid-State Na–CO_2 Batteries. Chem. Sci. 2019, 10, 4306–4312.

(12) Wang, X.; Zhang, X.; Lu, Y.; Yan, Z.; Tao, Z.; Jia, D.; Chen, J., Flexible and Tailorable Na–CO_2 Batteries Based on An All-Solid-State Polymer Electrolyte. ChemElectroChem 2018, 5, 3628–3632.

(13) Tong, Z.; Wang, S. B.; Fang, M. H.; Lin, Y. T.; Tsai, K. T.; Tsai, S. Y.; Yin, L. C.; Hu, S. F.; Liu, R. S., Na–CO_2 Battery with NASICON-Structured Solid-State Electrolyte. Nano Energy 2021, 85, 105972.

(14) Park, H.; Jung, K.; Nezafati, M.; Kim, C. S.; Kang, B., Sodium Ion Diffusion in NASICON ($Na_3Zr_2Si_2PO_{12}$) Solid Electrolytes: Effects of Excess Sodium. ACS Appl. Mater. Interfaces 2016, 8, 27814–27824.

(15) Zhang, Z.; Zou, Z.; Kaup, K.; Xiao, R.; Shi, S.; Avdeev, M.; Hu, Y. S.; Wang, D.; He, B.; Li, H.; Huang, X.; Nazar, L. F.; Chen, L., Correlated Migration Invokes Higher Na^+-Ion Conductivity in NaSICON-Type Solid Electrolytes. Adv. Energy Mater. 2019, 9, 1902373.

(16) Shao, Y.; Zhong, G.; Lu, Y.; Liu, L.; Zhao, C.; Zhang, Q.; Hu, Y.-S.; Yang, Y.; Chen, L., A Novel NASICON-Based Glass-Ceramic Composite Electrolyte with Enhanced Na-Ion Conductivity. Energy Storage Mater. 2019, 23, 514–521.

(17) Bui, K. M.; Dinh, V. A.; Okada, S.; Ohno, T., Na-Ion Diffusion in A NASICON-Type Solid Electrolyte: A Density Functional Study. Phys. Chem. Chem. Phys. 2016, 18, 27226–27231.

(18) Tong, Z.; Wang, S. B.; Wang, Y. C.; Yi, C. H.; Wu, C. C.; Chang, W. S.; Tsai, K. T.; Tsai, S. Y.; Hu, S. F.; Liu, R. S., to be published.

(19) Huang, Y.; Chen, B.; Duan, J.; Yang, F.; Wang, T.; Wang, Z.; Yang, W.; Hu, C.; Luo, W.; Huang, Y., Graphitic Carbon Nitride ($g-C_3N_4$): An Interface Enabler for Solid-State Lithium Metal Batteries. Angew. Chem. Int. Ed. 2020, 59, 3699–3704.

(20) Zhang, J. R.; Ma, Y.; Wang, S. Y.; Ding, J.; Gao, B.; Kan, E.; Hua, W., Accurate K-Edge X-Ray Photoelectron and Absorption Spectra of $g-C_3N_4$ Nanosheets by First-Principles Simulations and Reinterpretations. Phys. Chem. Chem. Phys. 2019, 21, 22819–22830.

(21) Brandes, J. A.; Cody, G. D.; Rumble, D.; Haberstroh, P.; Wirick, S.; Gelinas, Y., Carbon K-edge XANES Spectromicroscopy of Natural Graphite. Carbon 2008, 46, 1424–1434.

6 固態電池產業化展望

根據《巴黎氣候協議》之要求，各國皆進行節能減碳之工作。利用動力電池取代內燃機可降低溫室氣體排放，故各國皆鼓勵電動汽車之發展。據 GlobalData 公司統計中國、美國、日本、德國與挪威為電動車消費量排名前五之大國，且各國之電動車消費量逐年上升，如圖 6-1 所示。[(1)] 未來，隨基礎設施之強化，電動車之市場必進一步擴大。歐盟與日本分別計畫於 2030 與 2035 年全面禁止銷售燃油車。美國之 battery500 計畫將鋰離子電池之能量密度提升至 500 Wh/Kg，以促進電動車取代燃油車。然當前之鋰離子電池普遍使用液態電解質，存在漏液與燃爆等隱憂。然利用固態電解質取代液態電解質可提升電池之安全性能。

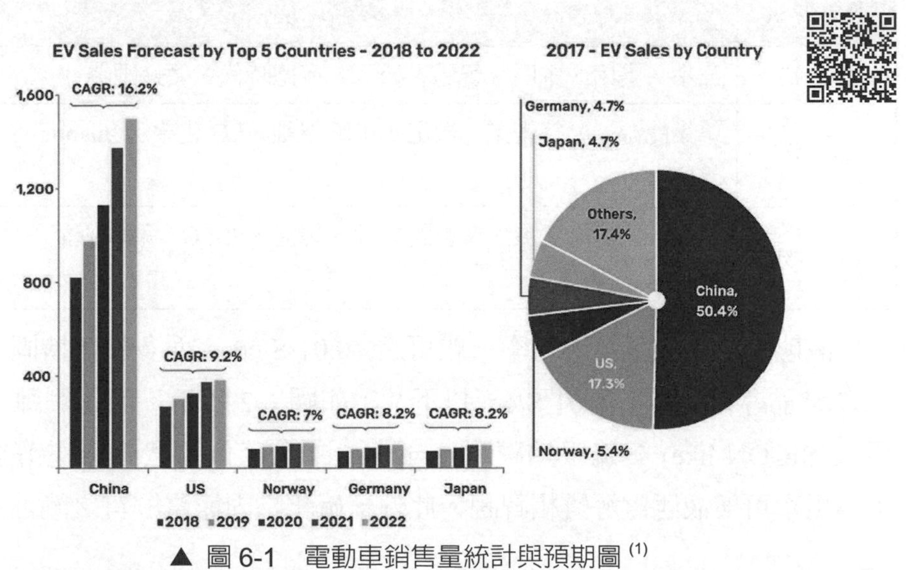

▲ 圖 6-1　電動車銷售量統計與預期圖 [(1)]

當前，中國、美國、日本、韓國等主要國家皆制定相關產業規畫力主推動固態電池於十年內實現產業化。然當前固態電池之實際應用仍存困難。如固態電解質之離子導電率尚無法與液態電解質相提並論，固態電解質之化學與電化學穩定性仍待提高，且固態電池之介面接觸不良。故固態電池產業化之路須經由准固態 (quasi-solid state) 而至全固態 (all-solid state)。本章將首先綜述當前固態電池之主要生產商與其技術路線，而後並對固態電池之生產成本進行分析，並闡述筆者對固態電池產業化之展望。

6-1 固態電池之主要生產商與技術路線

當前世界主要電池供應商如寧德時代、LG 化學、三星與松下等公司皆投入固態電池之開發。此外麻省固能、SSEO、清陶發展與衛藍新能源等新創公司亦如雨後春筍加入固態電池開發之行列。本節將主要討論當前固態電池之主要廠商與其技術路線，並總結於表 6-1 所示。

▼ 表 6-1　固態電解質技術路線與供應商總結表

技術路線	公司名稱
硫化物	三星、豐田、本田、寶馬、松下、寧德時代、贛鋒鋰業
氧化物	蜂巢能源、贛鋒鋰業、索尼、中國製釉、LG 化學、QuantumScape、大眾
聚合物	Bollore、清陶發展、衛藍新能源、輝能、SSEO、麻省固能、Solid power

液態電解質之離子導電率一般可達 ~0.01 S/cm，而多數無機固態電解質之離子導電率位於 0.01 S/cm 以下 [2]，如圖 6-2 所示。僅超鋰離子導體類 (LISICON-like) 與硫銀鍺礦類 (argyrodite) 之硫化物型固態電解質之離子導電率可與液態電解質相睥睨。此外，硫化物固態電解質之剛性不強，

可藉冷壓方式製備高密度固態電解質片，亦可以加壓之方式密切其與電極材料之接觸。然而，硫化物類固態電解質之化學與電化學穩定性不佳，電化學穩定窗口窄，且易分解產生 H_2S。日本之電池與汽車生產商組成以豐田公司爲首之產業聯盟與日本國立材料研究機構合作研究硫化物固態電解質多年，並計畫於東京奧運會中使用固態電池電動車爲禮賓車。韓國之三星公司亦研究硫銀鍺礦類 (argyrodite) 之固態電池。近年，三星公司藉硫銀鍺礦類固態電解質製作無負極電池 (anode-free battery) 引起產業界與學術界之廣泛關注。此無負極電池中不使用負極材料，而爲以銀 - 碳混合層修飾不鏽鋼集流體，使充電過程中鋰金屬直接沉積於集流體上。因縮減負極材料之重量與體積，此類電池之能量密度有效提升。然無負極電池仍具低庫倫效率與循環壽命之缺點，故此類電池仍屬於基礎研究範疇，實際應用尚需時日。此外，寧德時代，寶馬等公司亦投入硫化物固態電解質之開發。

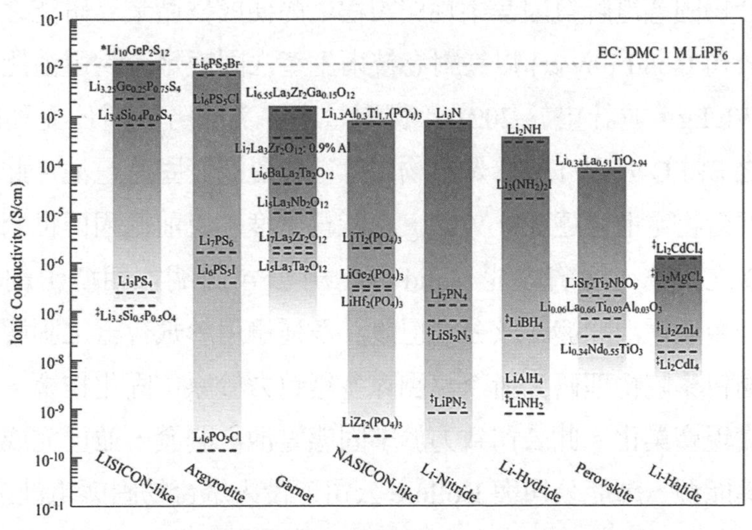

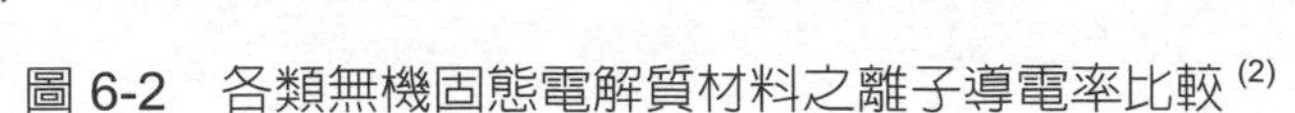
▲ 圖 6-2 各類無機固態電解質材料之離子導電率比較 (2)

氧化物固態電解質之離子導電率普遍難以與液態電解質相比。但電解液之離子遷移數一般不高於 0.5，即其實際鋰離子導電率不足其總離子電導率的一半，與石榴石型氧化物固態電解質相似。故此，氧化物固態電解質亦被產業界廣泛關注。然而氧化物固態電解質剛性強，與電極材料之界面接觸成為問題。故此，當前多數企業以氧化物固態電解質粉體與聚合物固態電解質製備複合固態電解質。此類固態電解質可聚合物加工之方式得厚度較低之薄膜，有利於降低固態電解質之面電阻。斯坦福大學孵化之 QuantumScape 公司基於氧化物固態電解質成功試製出固態鋰金屬電池，並實現快速充電，成為鋰金屬固態電池之先驅。清華大學南策文院士團隊多年致力於聚二氟乙烯 (poly(vinylidene fluoride), PVDF) 與石榴石型固態電解質之開發，並孵化清陶進行產業化。聚二氟乙烯之電壓窗口寬，可藉高電壓之正極材料，有助於能量密度之提升。此外，韓國 LG 化學與德國大眾公司亦投入氧化物固態電池之開發。

聚合物固態電解質因其柔性與製程之簡便成為產業界研究之重點。固態能源公司 (solid power) 以卷對卷技術生產之固態聚合物電池能量密度可達 320 Wh/kg，並計畫於 2021 年實現量產。美國勞倫斯伯克利國家實驗室孵化之 SEEO 公司亦基於聚合物固態電解質開發固態電池。此公司研發之固態聚合物電池可達 350 Wh/kg 之能量密度。目前德國博世公司已完成對 SSEO 之併購。麻省固能 (solid energy) 公司由胡啓朝博士創辦，致力於固態鋰金屬電池開發。該公司已設計多種適用於飛行器之固態鋰金屬電池。中國科學院物理研究所李泓團隊多年致力於原位固化技術，並創辦衛藍公司實現產業化。此公司致力於準固態電池之開發，並已完成中試。此外，蜂巢能源、輝能公司與 Bollore 公司皆投入聚合物固態電池之開發。

6-2 固態電池之成本與產業化

儘管當前世界主要鋰電池供應商與科研機構皆重視固態鋰電池之開發，但全固態時代尚未實現。固態電池仍然面臨諸多問題。除離子導電率低、界面穩定性差與製程複雜等困難外，固態電池之產業化必須面對成本問題。

硫化物固態電解質使用昂貴之 Li_2S 作爲前驅物，並需惰性氣體保護進行生產。氧化物固態電解質一般需高溫燒結，並使用 La、Ge 與 Ta 等多種貴重金屬元素。此外，固態電解質片需拋光打磨後方可使用。若進行界面修飾則需原子層沉積、磁控濺射與電漿輔助化學氣象沉積等設備投資。故此氧化物與硫化物固態電解質之成本難以與傳統液態電池相比。

2020 年，德國慕尼黑工業大學 Schnell 團隊對硫化物固態電池與傳統鋰電池之成本進行計算[3]，發現當使用 $LiNi_{0.8}Co_{0.1}Mn_{0.1}O_2$ 與石墨負極時，傳統鋰電池之總成本可達 93.2$ kW/h，而硫化物固態電池之成本可達 137.9$ kW/h。若使用鋰金屬負極製成硫化物固態金屬電池，其成本可降低至 102.0$ kW/h。然此一成本仍高於傳統鋰離子電池。究其原因爲硫化物固態電解質之材料成本高於電解液與隔離膜。此一研究工作提示產業界與學術界，未來降低固態電解質之成本爲固態電池產業化之關鍵。即其離子導電率與電化學性能可達至與傳統鋰離子電池相比之水平，但其成本昂貴亦阻止其產業化。使用廉價之元素替代昂貴之 Ge、La 與 Ta，製作固態電解質可降低固態電池之材料成本。而開發低溫綠色之合成方法可降低固態電池之生產成本。此外開發新合成方法亦可降低設備投資。

6-3 展望

當前基於氧化物型固態電解質粉體之有機無機複合固態電解質爲多數公司採用之產業化路線。無機固態電解質片之製程複雜，且厚度難以降低。當前無機固態電解質片之厚度多爲 0.3 mm 左右，而此一厚度固態電解質組裝之固態電池之能量密度難以與液態電池相比。此外，如本章所述，氧化物與硫化物固態電解質之成本高於電解液與隔離膜，導致其難以實現產業化。聚合物固態電解質之製程相對簡單，且厚度薄，此爲實際產業化應用之首選。故當前多藉高離子導電率之無機固態電解質粉體複合聚合物型固態電解質，即藉聚合物加工技術製備厚度較薄之固態電解質。[4] 此類固態電解質之成本較無機固態電解質低，然而離子導電率與離子遷移數較聚合物固態電解質有所提升，此將成爲產業界廣泛研究之重點。此外，原位 (in situ) 聚合技術可降低聚合物型固態電解質製程過程之有機溶劑使用量，有利於降低製程成本並提升製程之綠色化程度。未來提升固態電池性能與降低其成本將爲實現固態電池產業化之關鍵。

參考文獻

(1) Bajaj, V., Issues and Policies for Sustainable Mobility. GlobalData: London, UK, 2018; Vol. 18.

(2) Bachman, J. C.; Muy, S.; Grimaud, A.; Chang, H.-H.; Pour, N.; Lux, S. F.; Paschos, O.; Maglia, F.; Lupart, S.; Lamp, P.; Giordano, L.; Yang, S.-H., Inorganic Solid-State Electrolytes for Lithium Batteries: Mechanisms and Properties Governing Ion Conduction. Chem. Rev. 2016, 116, 140–162.

(3) Schnell, J.; Knorzer, H.; JImbsweiler, A. J.; Reinhart, G., Solid versus Liquid—A Bottom-Up Calculation Model to Analyze the Manufacturing Cost of Future High-Energy Batteries. Energy Technol. 2020, 8, 1901237.

(4) Zhao, N.; Khokhar, W.; Bi, Z.; Shi, C.; Guo, X.; Fan, L.-Z.; Nan, C.-W., Solid Garnet Batteries. Joule 2019, 3, 1–10.

讀者回函卡

掃 QRcode 線上填寫 ▶▶▶ 

姓名：＿＿＿＿＿　生日：西元＿＿年＿＿月＿＿日　性別：□男 □女

電話：（　）＿＿＿＿　手機：＿＿＿＿＿

e-mail：（必填）＿＿＿＿＿＿＿＿＿＿

註：數字零，請用 Φ 表示，數字 1 與英文 L 請另註明並書寫端正，謝謝。

通訊處：□□□□□＿＿＿＿＿＿＿＿

學歷：□高中・職　□專科　□大學　□碩士　□博士

職業：□工程師　□教師　□學生　□軍・公　□其他

學校／公司：＿＿＿＿＿　科系／部門：＿＿＿＿＿

・需求書類：

□A. 電子 □B. 電機 □C. 資訊 □D. 機械 □E. 汽車 □F. 工管 □G. 土木 □H. 化工

□I. 設計 □J. 商管 □K. 日文 □L. 美容 □M. 休閒 □N. 餐飲 □O. 其他

・本次購買圖書為：＿＿＿＿＿　書號：＿＿＿＿＿

・您對本書的評價：

封面設計：□非常滿意　□滿意　□尚可　□需改善，請說明＿＿＿＿

內容表達：□非常滿意　□滿意　□尚可　□需改善，請說明＿＿＿＿

版面編排：□非常滿意　□滿意　□尚可　□需改善，請說明＿＿＿＿

印刷品質：□非常滿意　□滿意　□尚可　□需改善，請說明＿＿＿＿

書籍定價：□非常滿意　□滿意　□尚可　□需改善，請說明＿＿＿＿

整體評價：請說明＿＿＿＿＿＿＿＿

・您在何處購買本書？

□書局　□網路書店　□書展　□團購　□其他＿＿＿＿

・您購買本書的原因？（可複選）

□個人需要　□公司採購　□親友推薦　□老師指定用書　□其他＿＿＿＿

・您希望全華以何種方式提供出版訊息及特惠活動？

□電子報　□DM　□廣告（媒體名稱＿＿＿＿＿＿）

・您是否上過全華網路書店？（www.opentech.com.tw）

□是　□否　您的建議＿＿＿＿＿＿

・您希望全華出版哪方面書籍？＿＿＿＿＿＿

・您希望全華加強哪些服務？＿＿＿＿＿＿

感謝您提供寶貴意見，全華將秉持服務的熱忱，出版更多好書，以饗讀者。

填寫日期：　/　/

2020.09 修訂

親愛的讀者：

感謝您對全華圖書的支持與愛護，雖然我們很慎重的處理每一本書，但恐仍有疏漏之處，若您發現本書有任何錯誤，請填寫於勘誤表內寄回，我們將於再版時修正，您的批評與指教是我們進步的原動力，謝謝！

全華圖書　敬上

勘誤表

書號		書名		作者	
頁數	行數	錯誤或不當之詞句		建議修改之詞句	

我有話要說：（其它之批評與建議，如封面、編排、內容、印刷品質等・・・）